"十四五"高职高专院校规划教材（烹饪类）

# 中餐盘饰实训

凌志远　叶小文　主　编

郝志阔　主　审

中国质量标准出版传媒有限公司
中国标准出版社
北京

图书在版编目（CIP）数据

中餐盘饰实训/凌志远，叶小文主编.—北京：
中国质量标准出版传媒有限公司，2023.11
ISBN 978-7-5026-5257-9

Ⅰ.①中… Ⅱ.①凌… ②叶… Ⅲ.①中式菜肴—食
品雕刻 Ⅳ.① TS972.114

中国国家版本馆 CIP 数据核字 (2023) 第 222622 号

## 内容提要

随着社会分工的细化，中餐烹饪技艺不断走向精致化。中餐盘饰顺应时代潮流，形式越来越丰富和多元化。本书总结吸收了传统中餐菜肴盘饰的技艺，通过实例讲解和步骤分解，对中餐盘饰的 5 种类型进行了归纳，主要内容包括果蔬盘饰、插花盘饰、食雕盘饰、糖艺盘饰、果酱画盘饰。

中餐盘饰实训是职业院校烹饪专业的一门主干专业课程。本书可以作为高职高专、中职中专、本科烹饪与营养、烹调工艺与营养、餐饮管理专业学生的学习用书，亦可以作为烹饪培训、宾馆饭店从业人员及烹饪教师的参考用书。本书图文并茂，每个作品都配有精美的图片以供读者参考和学习，作品设计从易到难，力求循序渐进，更好地满足不同层次读者的需求。

中国质量标准出版传媒有限公司
中 国 标 准 出 版 社　出版发行

北京市朝阳区和平里西街甲 2 号（100029）
北京市西城区三里河北街 16 号（100045）
网址：www.spc.net.cn
总编室：（010）68533533　发行中心：（010）51780238
读者服务部：（010）68523946
北京博海升彩色印刷有限公司印刷
各地新华书店经销

*

开本 787×1092　1/16　印张　14.75　字数　252 千字
2023 年 11 月第一版　2023 年 11 月第一次印刷

*

定价：68.00 元

# 丛书编委会

总主编　郝志阔

编　委　宋中辉　周建龙　杨梓莹
　　　　何春华　凌志远　吴子逸
　　　　叶小文　吴耀华　姜　坤
　　　　郑晓洁　郑海云　钟晓霞
　　　　廖凌云

# 本书编委会

主　　编　凌志远（广东文艺职业学院）
　　　　　叶小文（广东环境保护工程职业学院）
副 主 编　朱镇华（四川旅游学院）
　　　　　杨锦冰（河源职业技术学院）
　　　　　黎小华（广州市白云行知职业技术学校）
　　　　　张　江（广东文艺职业学院）
　　　　　何春华（佛山市启聪学校）
参　　编　李斌海（广东文艺职业学院）
　　　　　叶子文（佛山市顺德区梁銶琚职业技术学校）
　　　　　苏家裕（广州市轻工职业学校）
　　　　　马景球（岭南师范学院）
　　　　　朱洪朗（广州市旅游商务职业学校）
　　　　　吴雄昌（河源职业技术学院）
　　　　　吴耀华（广东环境保护工程职业学院）
　　　　　周志雄（信宜市职业技术学校）
　　　　　林晓云（肇庆市农业学校）
　　　　　彭亮旭（天津市经济贸易学校）
　　　　　王泽臣（天津市经济贸易学校）
　　　　　黄开正（四川旅游学院）
　　　　　唐海松（海松工作室）
　　　　　麦明隆（广东省外语艺术职业学院）
　　　　　钟晓霞（广东环境保护工程职业学院）
　　　　　梁瑞进（广东食品药品职业学院）
　　　　　郑志熊（东莞市轻工业学校）
　　　　　谢镇声（东莞市轻工业学校）
　　　　　易丽娟（广东文艺职业学院）
　　　　　王子文（广西工贸高级技工学校）
　　　　　官泳煌（佛山市顺德区中等专业学校）
　　　　　李国志（阳江技师学院）
　　　　　胡金铭（江门市第一职业技术学校）
　　　　　黄立飞（中山职业技术学院）
　　　　　席锡春（佛山市南海区九江职业技术学校）
　　　　　陈国永（广州市旅游商务职业学校）
　　　　　莫伟苗（茂名市第二职业技术学校）
　　　　　杨林华（珠海市第一中等职业学校）
　　　　　陈荣显（茂名市第二职业技术学校）
　　　　　邓慧婷（东莞市轻工业学校）
　　　　　冯金平（佛山市顺德区梁銶琚职业技术学校）
　　　　　陈兴华（佛山市顺德区梁銶琚职业技术学校）
　　　　　罗美娜（惠州新华职业技术学校）

# 序　言

中国共产党第二十次全国代表大会报告中指出："统筹职业教育、高等教育、继续教育协同创新，推进职普融通、产教融合、科教融汇，优化职业教育类型定位。""坚持为党育人、为国育才，全面提升人才自主培养质量。"职业学校作为企业人才的供给侧，开发与企业生产实际相对接的基于职业岗位的专业教材，对职业教育具有重要的促进作用。

随着大旅游时代的到来，旅游业不断发展壮大，对烹饪人才的需求也持续增长，作为输送烹饪人才的烹饪职业教育显得尤为重要。职业教育烹饪类教材种类繁多、数量庞大，即使同一学科也存在不同作者编写不同教材的现象，同一作者编写的教材也因不断更新出版而出现不同的版本。目前，职业教育烹饪类教材的编写者众多且专业层次不同，编写内容结构体系也存在很大的差异，因此，我们结合现代烹饪专业的特点，组织全国多所职业院校的烹饪教师编写了本系列教材。本系列教材具有如下特点：

（1）实用性：充分体现烹饪专业学生未来职业活动中最基本、最常用的基础知识，所选理论内容的广度和深度能满足实践教学和学生未来工作与发展的需要。

（2）科学性：内容科学准确，学生通过学习可以掌握本专业所需要的基本理论和技能。

（3）先进性：反映烹饪专业学科的新知识和新的应用技能，适应社会发展和餐饮市场变化对人才的要求。

针对烹饪职业教育的实际教学需要，本系列教材的编写尤其注重理论与实践的深度融合，使学生掌握先进的知识和技能。我们相信本系列教材的出版将会推动职业院校烹饪类教材体系建设，也希望本系列教材能在职业院校烹饪类教材中起到引领示范作用。

丛书编委会

2022 年 12 月

# 前　言

随着国家对于职业教育改革的不断深入，相关课程的改革势在必行。为了增强课程的科学性和适用性，提升教学质量，改进教学方法，结合市场导向培养烹饪专业学生菜肴装饰美化技能与创新能力，满足烹饪行业的人才需求，本书编写团队参考了大量已出版的相关教材，紧密结合烹饪专业学生实训情况，以模块化教学为主线、实训驱动为框架的方式，设计与编写了本教材。

目前，社会很多创新都讲究"跨界"，不同形式的事物通过跨界融合，能够创造出有别于传统、具有强大生命力的新事物。因此，本书以5类常见的中餐盘饰为基础并适当融合，激发读者的艺术灵感。

《中餐盘饰实训》是职业院校烹饪专业的一门主干专业课程。中餐盘饰技能是中餐烹饪专业学生必须掌握的一门技能，可以提升其对中餐盘饰的感受力、理解力和创造力。本教材以实操技能为主，配有详细的制作图解，读者通过模块化地学习中餐盘饰的实训技能，可以从全局领悟中餐盘饰的制作要义，从而培养学生对中餐盘饰的艺术感知能力，并在实践操作中学以致用、举一反三、灵活变通。

本教材由广东文艺职业学院凌志远和广东环境保护工程职业学院叶小文担任主编，由四川旅游学院朱镇华、河源职业技术学院杨锦冰、广州市白云行知职业技术学校黎小华、广东文艺职业学院张江和佛山市启聪学校何春华担任副主编。具体分工如下：果蔬盘饰、插花盘饰由凌志远、张江负责编写；食雕盘饰由杨锦冰、何春华负责编写；糖艺盘饰由朱镇华、黎小华负责编写；果酱画盘饰由叶小文、凌志远负责编写，其他兄弟院校参编的老师们给予了很多的创作灵感和技术支持。最后由凌志远、叶小文对全书进行了统稿，张江、何春华、黎小华和苏家裕分别对部分内容进行了修改。

由于编者水平有限，加之时间紧迫，书中难免存在错漏之处，恳请广大师生提出宝贵意见并批评指正，我们将虚心接受、不断改进。

凌志远

2023 年 7 月

# 目　录

# 项目一　果蔬盘饰

　　果蔬盘饰是一种以蔬菜、水果为主要原料，经过刀工处理和合理地拼摆后达到美化菜肴的传统盘饰形式。果蔬盘饰作为中餐菜肴盘饰中历史最为悠久的盘饰，饱经风雨，有逐渐被各种新式盘饰样式所取代的趋势。相比其他的中餐菜肴盘饰，果蔬盘饰的原料取之于食材，随取随用。但是其制作的成本相对较高，受到食材的限制，对刀工的依赖度较高，加之厨房快节奏的生产方式，果蔬盘饰日渐式微。

　　老一辈厨师发挥自己的聪明才智，在物资匮乏、盘饰形式单一的年代，运用精湛的刀工技艺和巧妙的拼摆，将简单的食材变换出花样繁多的果蔬盘饰。为了更好地发掘传统盘饰的价值，展现其魅力，本书特将果蔬盘饰作为开篇任务进行介绍，希望学生从中获取更多的动力和灵感。

## 一、原料

　　果蔬盘饰常用的原料包括青瓜、胡萝卜、白萝卜、心里美萝卜、辣椒、橙子、车厘子等，还包括食盐、白醋等腌制用品。

青瓜

胡萝卜

心里美萝卜　　　　　　　　　　　辣椒

## 二、工具

果蔬盘饰常用工具包括片刀、食品雕刻刀、戳刀、砧板等。

片刀　　　　　　　　　　　　食品雕刻刀

## 三、制作要求

1.操作过程中一定要注意卫生，防止交叉感染。

2.根据菜肴的特点、色泽、碟子大小、比例等因素合理设计果蔬盘饰。

3.学会妥善保管果蔬原材料，做到物尽其用，避免浪费。

## 四、特点

1.就地取材、变化多样。

2.刀工均匀、拼摆巧妙。

3.成本较高、效率一般。

# 实训一　青瓜片围边 1

## 一、目标与要求

1.掌握单片青瓜片的切法和摆法。

2.刀工均匀，熟练掌握拉刀的技法。

## 二、实训准备

1.原料：青瓜半条。

2.工具：刀、砧板、碟子。

## 三、实训操作

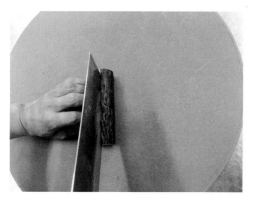

1.将青瓜一开二。

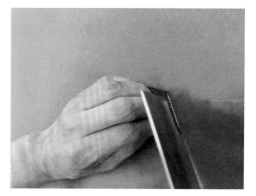

2.将青瓜用刀切成均匀的薄片。

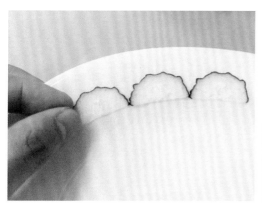

3.将青瓜片挨着碟边围成一圈。

4.成品欣赏。

技能拓展：

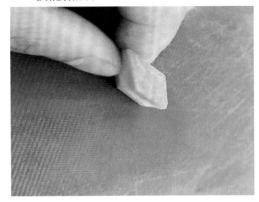

1. 取一截胡萝卜用刀改成菱形块。

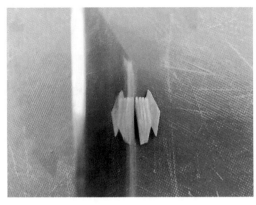

2. 用刀切成均匀的薄片。

3. 将切好的胡萝卜片镶嵌在两片青瓜片的中间。

## 四、注意事项

1. 注意刀工，青瓜切片要厚薄均匀。

2. 实训时注意卫生，防止交叉感染。

3. 拼摆时兼顾质量与速度，高效完成。

## 五、成品特点

简单大方、易学高效、干净利落。

## 六、学生课堂评价表

| 班别 | | 姓名 | |
|---|---|---|---|
| 评价项目 | 配分 | 自评分 | 教师评分 |
| 色彩搭配 | 20 | | |
| 层次 | 20 | | |
| 造型 | 30 | | |
| 比例 | 15 | | |
| 卫生 | 15 | | |
| 总分 | 100 | | |

## 七、作业与思考题

举一反三，如何用青瓜片摆出不同的造型?

# 实训二　青瓜片围边 2

## 一、目标与要求

1. 掌握青瓜片和胡萝卜片的切法和摆法。
2. 刀工均匀，熟练掌握拉刀的技法。

## 二、实训准备

1. 原料：青瓜半条。
2. 工具：刀、砧板、碟子。

## 三、实训操作

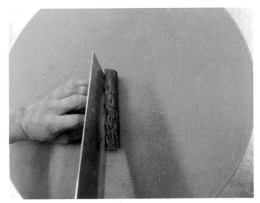

1. 将青瓜一开二。

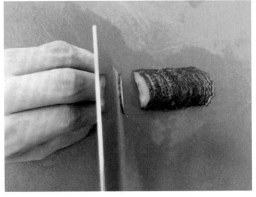

2. 用刀将半边青瓜切成均匀的薄片。

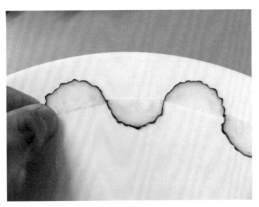

3. 将青瓜片一正一反挨着围成一圈。

4. 成品欣赏。

技能拓展：

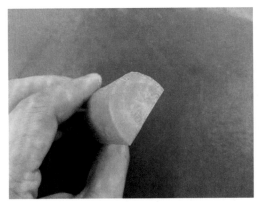

1. 将胡萝卜改成半圆柱形。

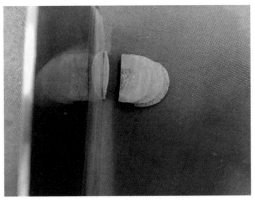

2. 将改好的胡萝卜切成均匀的薄片。

3. 按照同样的方法将胡萝卜片与青瓜片相间围成圈。

## 四、注意事项

1. 注意刀工，青瓜切片要厚薄均匀。
2. 实训时注意卫生，防止交叉感染。
3. 拼摆时兼顾质量与速度，高效完成。

## 五、成品特点

简单大方、干净利落、有跳跃感。

## 六、学生课堂评价表

| 班别 | | 姓名 | |
|---|---|---|---|
| 评价项目 | 配分 | 自评分 | 教师评分 |
| 色彩搭配 | 20 | | |
| 层次 | 20 | | |
| 造型 | 30 | | |
| 比例 | 15 | | |
| 卫生 | 15 | | |
| 总分 | 100 | | |

## 七、作业与思考题

切青瓜薄片为什么用拉刀法比较好？

# 实训三　青瓜片围边 3

## 一、目标与要求

1.掌握青瓜片的围圈摆法。
2.刀工均匀，熟练掌握拉刀的技法。

## 二、实训准备

1.原料：青瓜半条。
2.工具：刀、砧板、碟子。

## 三、实训操作

1.将青瓜对半切开。

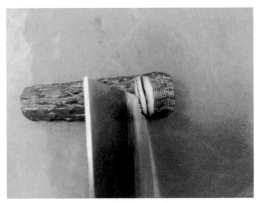

2.取半边青瓜用拉刀法切成均匀的薄片。

3. 将切好的青瓜片放在碟子中，用手均匀推开，围成一个圈。

4. 成品欣赏。

技能拓展 1：

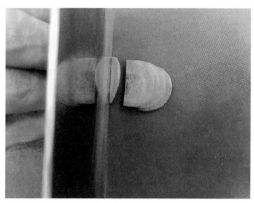

1. 将胡萝卜改成半圆柱形。

2. 将改好的胡萝卜切成均匀的薄片。

3. 在围好的青瓜片周边再平铺一圈胡萝卜片。

4. 成品欣赏。

技能拓展 2:

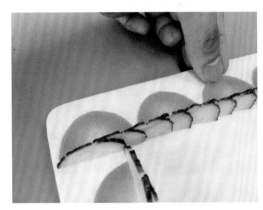

1. 沿着方碟边缘的青瓜围边摆好胡萝卜片。　　2. 放上樱桃或者其他水果点缀边角即可。

## 四、注意事项

1. 注意刀工，青瓜切片要厚薄均匀。

2. 实训时注意卫生，防止交叉感染。

3. 拼摆时兼顾质量与速度，高效完成。

## 五、成品特点

简单大方、干净利落、有跳跃感。

## 六、学生课堂评价表

| 班别 | | 姓名 | |
|---|---|---|---|
| 评价项目 | 配分 | 自评分 | 教师评分 |
| 色彩搭配 | 20 | | |
| 层次 | 20 | | |
| 造型 | 30 | | |
| 比例 | 15 | | |
| 卫生 | 15 | | |
| 总分 | 100 | | |

## 七、作业与思考题

如何熟练地运用拉刀法？

# 实训四　青瓜片围边 4

## 一、目标与要求

1. 规范地使用戳刀，防止戳伤。
2. 刀工均匀，熟练掌握拉刀的技法。

## 二、实训准备

1. 原料：青瓜半条。
2. 工具：刀、拉刻刀（戳刀）、砧板、碟子。

## 三、实训操作

1. 将青瓜对半切开。

2. 用刀或者戳刀在瓜皮表面刻出 3 条凹槽。

3. 用拉刀法将刻好的青瓜切成 0.2cm 的片。

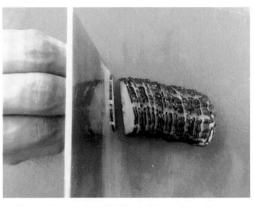

4. 拉刀过程中尽量保持青瓜片顺序不紊乱。

5. 将青瓜片放在碟边用手均匀推开围成圈。

6. 成品欣赏。

技能拓展 1：

1. 用同样的方法在方碟上围边。

2. 用车厘子适当点缀 4 个边角。

技能拓展 2：

1. 用上述方法切出青瓜片。

2. 取半个柠檬，均匀切出柠檬片。

3. 在碟边拼摆出青瓜片和柠檬片。

4. 在对角拼摆出柠檬片和青瓜片后用车厘子点缀。

技能拓展 3：

1. 用上述方法切出青瓜片，拼出鱼形。

2. 鱼的头部可以填充染色后的白萝卜丝作为装饰。

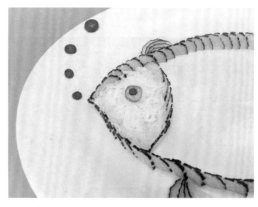
3. 用青红椒圈作鱼眼和水泡。

4. 用青瓜夹片（见项目一实训六）作鱼尾。

5. 成品欣赏。

## 四、注意事项

1. 注意刀工，青瓜切片要厚薄均匀。

2. 实训时注意卫生，防止交叉感染。

3. 拼摆时兼顾质量与速度，高效完成。

## 五、成品特点

简单大方、干净利落、形象生动。

## 六、学生课堂评价表

| 班别 | | 姓名 | |
|---|---|---|---|
| 评价项目 | 配分 | 自评分 | 教师评分 |
| 色彩搭配 | 20 | | |
| 层次 | 20 | | |
| 造型 | 30 | | |
| 比例 | 15 | | |
| 卫生 | 15 | | |
| 总分 | 100 | | |

## 七、作业与思考题

为什么在青瓜皮上刻出的凹槽不能太浅?

# 实训五　青瓜片围边5

## 一、目标与要求

1.熟练掌握拉刀法的技巧。

2.举一反三,设计不同的围边造型。

## 二、实训准备

1.原料:青瓜半条。

2.工具:刀、砧板、碟子。

## 三、实训操作

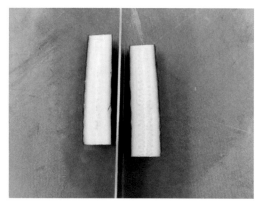

1. 将青瓜对半切开。

2. 取其中一半青瓜,切去3面,呈长方体。

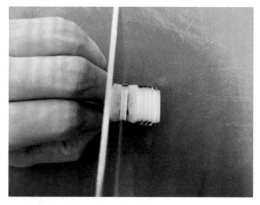

3. 用拉刀法均匀地拉出青瓜片。

4. 拉刀时尽量保持青瓜片的顺序不紊乱。

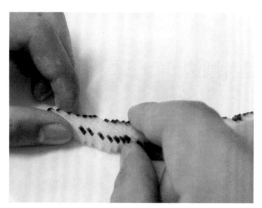

5. 用手将切好的青瓜片在碟边推出造型。

6. 成品欣赏。

技能拓展：

鸿运当头

春晓

花好月圆

一清二白

阳光灿烂

否极泰来

## 四、注意事项

1.注意刀工，青瓜切片要厚薄均匀。

2. 实训时注意卫生，防止交叉感染。

3. 拼摆时兼顾质量与速度，高效完成。

## 五、成品特点

造型美观、简单大方、干净利落。

## 六、学生课堂评价表

| 班别 | | 姓名 | |
|---|---|---|---|
| 评价项目 | 配分 | 自评分 | 教师评分 |
| 色彩搭配 | 20 | | |
| 层次 | 20 | | |
| 造型 | 30 | | |
| 比例 | 15 | | |
| 卫生 | 15 | | |
| 总分 | 100 | | |

## 七、作业与思考题

举一反三，青瓜片还可以摆出什么造型？

# 实训六　切凤尾花刀

## 一、目标与要求

1. 掌握青瓜凤尾花刀的切法和造型方法。

2. 注意厚薄均匀。

## 二、实训准备

1.原料：青瓜半条。

2.工具：刀、砧板、碟子。

## 三、实训操作

1.取半截青瓜对半切开。

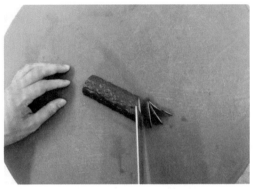

2.用斜刀切成相连的三飞片，尾端留 0.5cm。

3.用手将中间的一片往里面折。

4.将折好的三飞片泡水使其坚挺。

5.将折好的青瓜片头尾相连围成一圈。

6.成品欣赏。

技能拓展 1：

水草造型

太极造型

技能拓展 2：

1. 用胡萝卜切出长约 2cm、底面边长约 0.3cm 的正方形的条。

2. 将胡萝卜条放进摆好的青瓜夹片中点缀。

技能拓展 3：

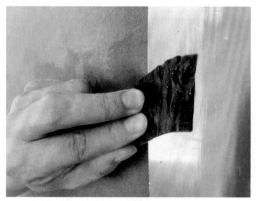

1. 斜取半截青瓜的一段，去皮至 1/2 处停刀。

2. 去皮的一端不切断，按照青瓜夹片的切法切 5 刀~7 刀。

3.将切好的青瓜夹片按照青瓜凤尾花刀的做法折好。

4.泡水后取用,放上胡萝卜条点缀。

## 四、注意事项

1.注意刀工,青瓜夹片要厚薄均匀。

2.实训时注意卫生,防止交叉感染。

3.拼摆时兼顾质量与速度,高效完成。

## 五、成品特点

简单大方、干净利落、造型美观。

## 六、学生课堂评价表

| 班别 | | 姓名 | |
|---|---|---|---|
| 评价项目 | 配分 | 自评分 | 教师评分 |
| 色彩搭配 | 20 | | |
| 层次 | 20 | | |
| 造型 | 30 | | |
| 比例 | 15 | | |
| 卫生 | 15 | | |
| 总分 | 100 | | |

## 七、作业与思考题

为什么切青瓜凤尾花刀时尾端要留够位置?

# 实训七　番茄塔

## 一、目标与要求

1.学会番茄塔的切法。
2.熟练运刀,刀工均匀,厚薄一致。

## 二、实训准备

1.原料:番茄半个。
2.工具:刀、砧板、碟子。

## 三、实训操作

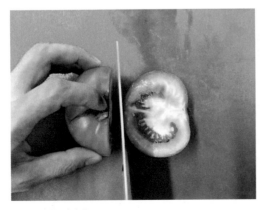

1.将番茄对半切开。

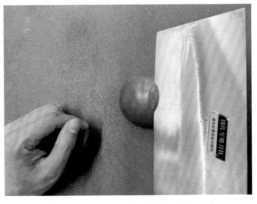

2.用刀在番茄表面中线位置切出一个V形刀口。

3. 用同样的方法间隔均匀地切出第 2 层 ～ 第 7 层。

4. 将切好的 V 形番茄用手均匀地推出，即成番茄塔。

5. 用拉刀法切出青瓜片。

6. 将切好的青瓜片围在番茄塔旁边。

技能拓展：

1. 切出番茄塔后再在中间横切一刀，注意底部那一片不要切断。

2. 以相反的方向向外推出两边的小番茄塔。

3. 将切好的青瓜片均匀推出来拌边。

4. 放上绿色车厘子点缀。

## 四、注意事项

1. 注意刀工要厚薄均匀，否则切出的番茄塔不美观。
2. 实训时注意卫生，防止交叉感染。
3. 拼摆时兼顾质量与速度，高效完成。

## 五、成品特点

造型美观、干净利落。

## 六、学生课堂评价表

| 班别 | | 姓名 | |
|---|---|---|---|
| 评价项目 | 配分 | 自评分 | 教师评分 |
| 色彩搭配 | 20 | | |
| 层次 | 20 | | |
| 造型 | 30 | | |
| 比例 | 15 | | |
| 卫生 | 15 | | |
| 总分 | 100 | | |

## 七、作业与思考题

切番茄塔时为什么要注意下刀的深度？

# 实训八　天鹅

## 一、目标与要求

1.学会苹果天鹅的切法。
2.熟练运刀，刀工均匀，厚薄一致。

## 二、实训准备

1.原料：苹果半个、青瓜 1 条。
2.工具：刀、砧板、碟子。

## 三、实训操作

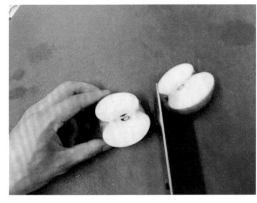

1. 将苹果对半切开。

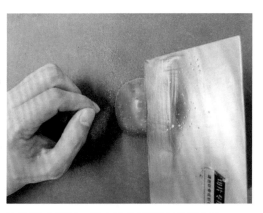

2. 取半个苹果，在中线位置切出 V 形刀口。

3. 用同样的方法间隔均匀地切出第 2 层～第 5 层。

4. 将切好的 V 形苹果用手均匀地推出，即成天鹅身子。

5. 按照相同的方法切出天鹅两边的翅膀。

6. 另切 1 片苹果用雕刻刀刻出天鹅的头部。

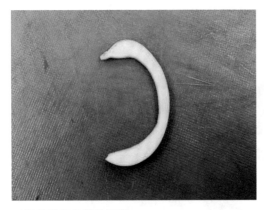

7. 注意天鹅头部的细节。

8. 用苹果籽作天鹅的眼睛，切出凹槽将天鹅头部嵌入即可。

9. 用青瓜片围边。

10. 成品欣赏。

## 四、注意事项

1. 注意刀工要厚薄均匀，否则切出的天鹅不美观。

2. 实训时注意卫生，防止交叉感染。

3. 拼摆时兼顾质量与速度，高效完成。

## 五、成品特点

生动形象、造型独特、干净利落。

## 六、学生课堂评价表

| 班别 | | 姓名 | |
|---|---|---|---|
| 评价项目 | 配分 | 自评分 | 教师评分 |
| 色彩搭配 | 20 | | |
| 层次 | 20 | | |
| 造型 | 30 | | |
| 比例 | 15 | | |
| 卫生 | 15 | | |
| 总分 | 100 | | |

## 七、作业与思考题

如何才能使切出的天鹅翅膀更加美观？

# 实训九　萝卜花 1

## 一、目标与要求

1. 学会胡萝卜花的制作。
2. 注意刀工均匀、厚薄一致。

## 二、实训准备

1. 原料：胡萝卜 1 个、青瓜半条。
2. 工具：刀、砧板、碟子。

## 三、实训操作

1. 先将胡萝卜改刀成大方块。

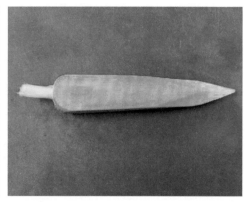

2. 切掉胡萝卜的 4 个边角，呈削尖状。

3. 由薄至厚，切出第 1 个花瓣，不切断。

4. 用同样的方法切出另外 3 个花瓣，刀要到位。

5. 抓住尾端，轻轻一拧，取出胡萝卜花。

6. 切好的胡萝卜花的花瓣应整齐、不散。

7. 用青瓜片进行围边装饰。

8. 成品欣赏。

## 四、注意事项

1. 注意下刀要用力均匀，否则会影响花瓣的成型。

2. 实训时注意卫生，防止交叉感染。

3.拼摆时兼顾质量与速度，高效完成，注意安全。

## 五、成品特点

生动形象、造型独特、干净利落。

## 六、学生课堂评价表

| 班别 | | 姓名 | |
|---|---|---|---|
| 评价项目 | 配分 | 自评分 | 教师评分 |
| 色彩搭配 | 20 | | |
| 层次 | 20 | | |
| 造型 | 30 | | |
| 比例 | 15 | | |
| 卫生 | 15 | | |
| 总分 | 100 | | |

## 七、作业与思考题

切胡萝卜花的花瓣时为什么要由薄至厚？

# 实训十　萝卜花2

## 一、目标与要求

1.学会萝卜花的制作。

2.掌握制作过程中腌制的浓度，学会控制萝卜的软硬度。

## 二、实训准备

1. 原料：去皮白萝卜 1 个、色素、青瓜 1 条，食盐适量。

2. 工具：刀、砧板、碟子。

## 三、实训操作

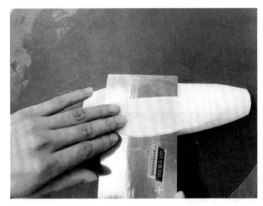

1. 将去皮的白萝卜片成 0.2cm 厚的薄片。

2. 放入盐水中浸泡至萝卜软身。

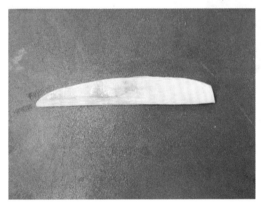

3. 取 1 片萝卜片，从中间对折。

4. 在对折处用刀斜切均匀，留上部不断。

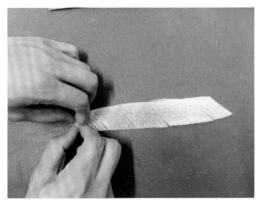

5. 切好后从一端卷起，注意力度要适当。

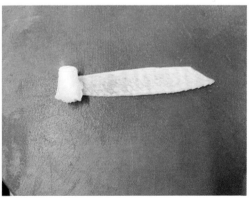

6. 如果萝卜片不够大，可以卷第 2 层。

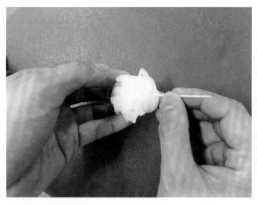
7. 用牙签固定后，剪去多余的牙签。

8. 用紫色色素染成紫色的萝卜花。

9. 可以用不同的色素染出不同的颜色。

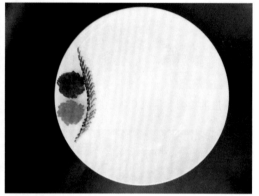
10. 成品欣赏。

## 四、注意事项

1. 注意刀工要厚薄均匀，有利于萝卜花的成型。

2. 实训时注意卫生，防止交叉感染。

3. 拼摆时兼顾质量与速度，高效完成。

## 五、成品特点

生动形象、造型独特、干净利落。

## 六、学生课堂评价表

| 班别 | | 姓名 | |
|---|---|---|---|
| 评价项目 | 配分 | 自评分 | 教师评分 |
| 色彩搭配 | 20 | | |
| 层次 | 20 | | |
| 造型 | 30 | | |
| 比例 | 15 | | |
| 卫生 | 15 | | |
| 总分 | 100 | | |

## 七、作业与思考题

如何判断白萝卜片是否腌好?

# 实训十一　萝卜花3

## 一、目标与要求

1.学会制作心里美萝卜花。
2.掌握心里美萝卜腌制的技巧。

## 二、实训准备

1.原料:心里美萝卜半个,盐、白醋适量。
2.工具:刀、砧板、碟子。

## 三、实训操作

1. 将心里美萝卜改成半圆形。

2. 将改好的萝卜切成薄片，放适量的盐和白醋腌制。

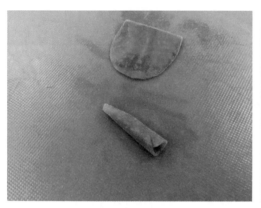

3. 泡软后取出 1 片卷成花心。

4. 取出泡好的萝卜片，依次拼贴出第 2 层花瓣。

5. 以此类推，拼出剩余的花瓣。

6. 做出一大一小 2 朵心里美萝卜花。

7. 用青瓜片进行围边装饰。

8. 成品 1 欣赏。

9. 成品 2 欣赏。

10. 成品 3 欣赏。

## 四、注意事项

1. 注意刀工要厚薄均匀，否则切出来的萝卜片不好拼。

2. 实训时注意卫生，防止交叉感染。

3. 拼摆时兼顾质量与速度，高效完成。

## 五、成品特点

生动形象、造型独特、干净利落。

## 六、学生课堂评价表

| 班别 | | 姓名 | |
|---|---|---|---|
| 评价项目 | 配分 | 自评分 | 教师评分 |
| 色彩搭配 | 20 | | |
| 层次 | 20 | | |
| 造型 | 30 | | |
| 比例 | 15 | | |
| 卫生 | 15 | | |
| 总分 | 100 | | |

## 七、作业与思考题

为什么放适量盐水和白醋腌制心里美萝卜？

# 实训十二　青菜花

## 一、目标与要求

1. 学会青菜花的制作。
2. 掌握雕刻的手法和技巧。
3. 注意规范使用雕刻刀，避免受伤。

## 二、实训准备

1. 原料：上海青 2 条、心里美萝卜半个、青瓜半条。

2.工具：雕刻刀、刀、砧板、碟子。

## 三、实训操作

1. 将上海青切去尾叶，留头部待用。

2. 从外往里用雕刻刀刻出花瓣。

3. 花瓣如图所示，修尖。

4. 用同样的方法依次刻出剩余的花瓣。

5. 用心里美萝卜花和青瓜片进行装饰。

6. 成品欣赏。

## 四、注意事项

1. 注意下刀要用力均匀，否则会影响花瓣的成型。
2. 实训时注意卫生，防止交叉感染。
3. 拼摆时兼顾质量与速度，高效完成，注意安全。

## 五、成品特点

生动形象、造型独特、干净利落。

## 六、学生课堂评价表

| 班别 | | 姓名 | |
|---|---|---|---|
| 评价项目 | 配分 | 自评分 | 教师评分 |
| 色彩搭配 | 20 | | |
| 层次 | 20 | | |
| 造型 | 30 | | |
| 比例 | 15 | | |
| 卫生 | 15 | | |
| 总分 | 100 | | |

## 七、作业与思考题

雕刻好的青菜花应如何保存？

# 实训十三　提子蟹

## 一、目标与要求

1. 学会制作提子蟹。

2. 注意刀工均匀，厚薄一致。

## 二、实训准备

1. 原料：红提子 3 个、青瓜半条、鸡蛋丝少许。

2. 工具：刀、砧板、碟子。

## 三、实训操作

1. 将红提子一开二后，从上开始片刀。

2. 平片 2 刀，均匀地分成 3 份，但不片断。

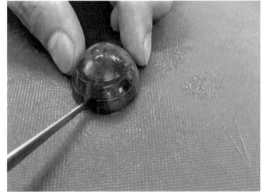

3. 用小刀在中间竖切 1 刀，上边不切。

4. 用手轻压使其展开后呈螃蟹状。

 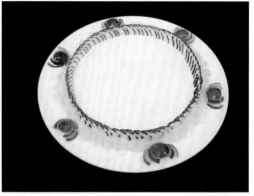

5. 用青瓜片进行围边。

6. 青瓜的边缘用蛋丝或染色的萝卜丝点缀。

## 四、注意事项

1. 下刀用力要均匀。

2. 实训时注意卫生，防止交叉感染。

3. 拼摆时兼顾质量与速度，高效完成，注意安全。

## 五、成品特点

生动形象、造型独特、干净利落。

## 六、学生课堂评价表

| 班别 | | 姓名 | |
|---|---|---|---|
| 评价项目 | 配分 | 自评分 | 教师评分 |
| 色彩搭配 | 20 | | |
| 层次 | 20 | | |
| 造型 | 30 | | |
| 比例 | 15 | | |
| 卫生 | 15 | | |
| 总分 | 100 | | |

## 七、作业与思考题

举一反三，还可以用哪些其他原料代替提子？试着做一下。

# 实训十四　辣椒花

## 一、目标与要求

1. 学会制作辣椒花。
2. 注意规范使用戳刀，避免受伤。

## 二、实训准备

1. 原料：辣椒2个、青瓜半条、橙子1个。
2. 工具：刀、砧板、碟子。

## 三、实训操作

1. 由浅至深，用戳刀在辣椒上戳出长长的须。

2. 用同样的方法，依次戳出辣椒须。

3. 戳完后将其分离。

4. 将戳好的辣椒花放入清水中浸泡。

5. 用青瓜夹片和橙子片围边装饰。

6. 成品 1 欣赏。

7. 成品 2 欣赏。

8. 成品 3 欣赏。

## 四、注意事项

1. 下刀用力要均匀，否则会影响花瓣的成型。

2. 实训时注意卫生，防止交叉感染。

3. 拼摆时兼顾质量与速度，高效完成，注意安全。

## 五、成品特点

生动形象、造型独特、干净利落。

## 六、学生课堂评价表

| 班别 | | 姓名 | |
|---|---|---|---|
| 评价项目 | 配分 | 自评分 | 教师评分 |
| 色彩搭配 | 20 | | |
| 层次 | 20 | | |
| 造型 | 30 | | |
| 比例 | 15 | | |
| 卫生 | 15 | | |
| 总分 | 100 | | |

## 七、作业与思考题

戳好的辣椒花为什么要泡水？

# 实训十五　麒麟片

## 一、目标与要求

1. 学会麒麟片的制作。
2. 注意刀工均匀、厚薄一致。

## 二、实训准备

1.原料：白萝卜半个、胡萝卜半个、心里美萝卜半个、青瓜半条。

2.工具：刀、砧板、碟子。

## 三、实训操作

1. 将白萝卜改刀成 10cm × 4cm × 0.5cm 规格的厚片后再切成双飞片。

2. 斜 45° 切去边角。

3. 均匀地切出条，留上部不断。

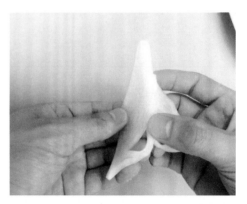

4. 切好后展开，将人字形的条从底部依次塞入。

5. 塞好后翻过来，放入清水中浸泡。

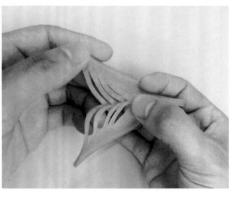

6. 用相同的方法切出胡萝卜片。

7. 用青瓜片进行装饰，心里美萝卜花点缀。

8. 成品1欣赏。

9. 成品2欣赏。

## 四、注意事项

1. 下刀用力要均匀，否则会影响花瓣的成型。

2. 实训时注意卫生，防止交叉感染。

3. 拼摆时兼顾质量与速度，高效完成，注意安全。

## 五、成品特点

生动形象、造型独特、干净利落。

## 六、学生课堂评价表

| 班别 | | 姓名 | |
|---|---|---|---|
| 评价项目 | 配分 | 自评分 | 教师评分 |
| 色彩搭配 | 20 | | |
| 层次 | 20 | | |
| 造型 | 30 | | |
| 比例 | 15 | | |
| 卫生 | 15 | | |
| 总分 | 100 | | |

## 七、作业与思考题

改刀后的萝卜可以泡盐水吗?

# 项目二　插花盘饰

　　插花盘饰是将一些常见的花卉、蔬菜及器物，通过改刀处理、扦插和组装，形成具有层次感、空间立体感和艺术欣赏性的盘饰作品。

　　插花盘饰是中餐传统的菜肴盘饰。随着时代的发展，菜肴盘饰的形式不断丰富，技术不断更新，市场需求不断变化，插花盘饰在中餐菜肴盘饰领域依然占有一席之地，有值得学习和借鉴的方面。

## 一、原料

　　插花盘饰常用原料包括蒜薹、苦菊、法香、玫瑰花、满天星、情人草、火龙珠果、散尾葵、肾蕨、大丽菊、康乃馨、意大利面、熟澄面、竹笙、车厘子等。

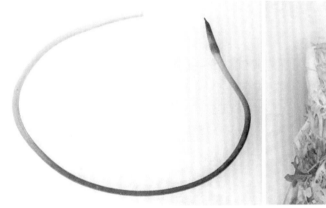
蒜薹

苦菊（九芽生菜）

玫瑰花

满天星

情人草

火龙珠果

散尾葵

肾蕨

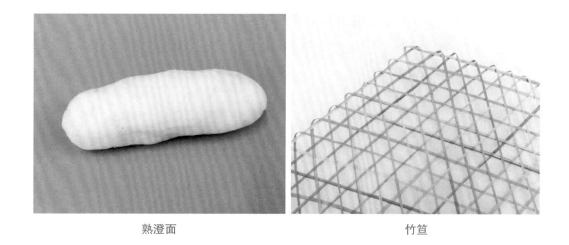

熟澄面　　　　　　　　　　　　　竹笪

## 二、工具

插花盘饰常用工具包括菜刀、剪刀、镊子、牙签等。

菜刀　　　　　　　　　　　　　镊子

## 三、制作要求

1. 操作过程中一定要注意卫生，防止交叉感染。

2. 根据菜肴的特点、色泽、碟子大小、比例等因素合理设计插花的艺术造型。

3. 学会妥善保存花卉、蔬果等易变质的插花原材料。澄面烫熟搓成团后分成几份用保鲜膜包好；蔬菜、草木等剪裁后用清水浸泡，但是花卉不能泡水，只需在根部用湿纸巾包好。

## 四、特点

插花盘饰制作出来的成品造型美观大方、清爽利落、配色合理，具有艺术性。

# 实训一　春暖花开

## 一、目标与要求

1.掌握斜刀切蒜薹时的刀深和刀距。
2.注意实训中的清洁与卫生。

## 二、实训准备

1.原料：澄面、蒜薹、紫色满天星、情人草、竹笪、红色果酱、法香。
2.工具：刀、盘、砧板、碟子、擀面棍。

## 三、实训操作

1.把开水倒入澄面中烫面，不能烫得太熟。

2.用擀面棍一边搅拌一边加水。

3.把澄面揉成团，用保鲜膜封好，备用。

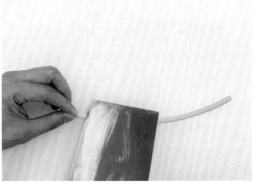

4.取1根蒜薹，用刀斜切，间隔要均匀，深度是原料的1/3，切记不要切断。

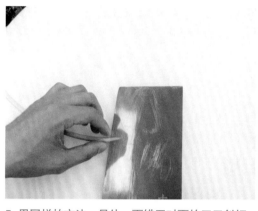

5. 用同样的方法，另外一面错开对面的刀口斜切。

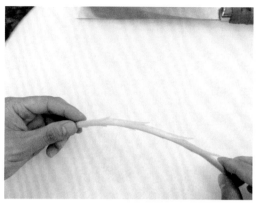

6. 两面切好如图，放进清水中浸泡至叶片卷起。

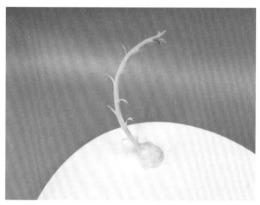

7. 取一小块澄面，把泡好的蒜薹插入澄面。

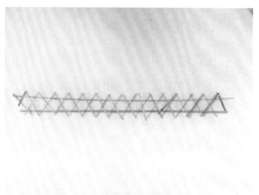

8. 取一片竹笪用剪刀剪成上图所示。

9. 把竹笪弯一圈，两头用澄面固定好。

10. 取一小段满天星和情人草，插进澄面固定。

11. 取少许法香挡住澄面。　　　　　　　12. 用红色果酱点出 3 个圆点装饰。

## 四、注意事项

1. 切蒜薹时刀深要控制好，不可以切得太深或者切断。

2. 注意操作过程中的卫生。

3. 完成后应及时整理，将碟中的水、杂质等清理干净。

## 五、成品特点

清爽利落、干净简洁、错落有致。

## 六、学生课堂评价表

| 班别 | | 姓名 | |
| --- | --- | --- | --- |
| 评价项目 | 配分 | 自评分 | 教师评分 |
| 色彩搭配 | 20 | | |
| 层次 | 20 | | |
| 造型 | 30 | | |
| 比例 | 15 | | |
| 卫生 | 15 | | |
| 总分 | 100 | | |

## 七、作业与思考题

切蒜薹另外一面时，为什么要错开对面的刀口切呢？

# 实训二 步步高升

## 一、目标与要求

1. 掌握斜刀切蒜薹时的刀深和刀距。
2. 学会把握插花盘饰的空间感和层次感。
3. 注意实训中的清洁与卫生。

## 二、实训准备

1. 原料：澄面、蒜薹、紫色满天星、情人草、红色果酱、法香。
2. 工具：刀、盘、砧板、碟子、擀面棍。

## 三、实训操作

1. 把开水倒入澄面中烫面，不要烫得太熟。

2. 用擀面棍一边搅拌一边加水。

3. 把澄面揉成团封好保鲜膜，备用。

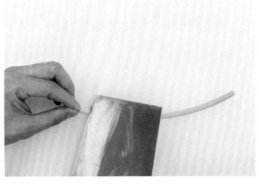

4. 取1根蒜薹用刀斜切，间隔要均匀，深度是原料的1/3，切记不要切断。

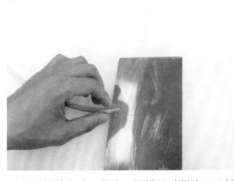

5. 用同样的方法，另外一面错开对面的刀口斜切。

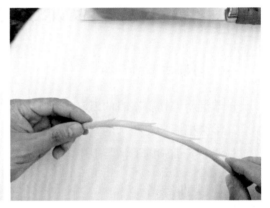

6. 两面切好如图，切2根，一根长一根短。

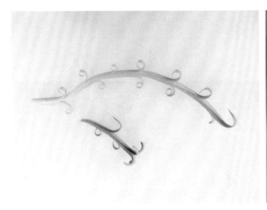

7. 切好的蒜薹泡清水一段时间，取出吸干水备用。

8. 取一小块澄面，把切好的蒜薹插入澄面。

| 9. 取一小段满天星和情人草插进澄面固定。 | 10. 取少许法香挡住澄面，用红色果酱点出 4 个圆点，从大到小装饰。 |

## 四、注意事项

1. 切蒜薹时刀深要控制好，不可以切得太深或者切断。
2. 点果酱时要注意从大到小排列开，做到简洁美观。
3. 完成后应及时整理，将碟中的水、杂质等清理干净。

## 五、成品特点

清爽利落、干净简洁、错落有致。

## 六、学生课堂评价表

| 班别 | | 姓名 | |
|---|---|---|---|
| 评价项目 | 配分 | 自评分 | 教师评分 |
| 色彩搭配 | 20 | | |
| 层次 | 20 | | |
| 造型 | 30 | | |
| 比例 | 15 | | |
| 卫生 | 15 | | |
| 总分 | 100 | | |

## 七、作业与思考题

为什么把切好的蒜薹用清水浸泡？

# 实训三 义结金兰

## 一、目标与要求

1. 掌握烫澄面的技巧和竹笪的剪裁方法。
2. 保持实训中的清洁与卫生。

## 二、实训准备

1. 原料：澄面、紫色满天星、法香、肾蕨、青红车厘子。
2. 工具：刀、盘、砧板、碟子、擀面棍。

## 三、实训操作

1. 把开水倒入澄面中烫面，不要烫得太熟。

2. 用擀面棍一边搅拌一边加水。

3. 把澄面揉成团封好保鲜膜，备用。

4. 取 2 片肾蕨，一长一短（可剪裁），备用。

5. 取一小块澄面粘在碟子上，将两片肾蕨斜插入面团固定好。

6. 插入紫色满天星，用少许法香挡住澄面。

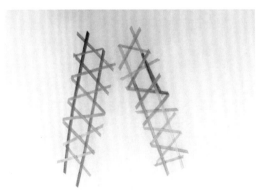

7. 取一片竹笪，剪裁出如图的形状。

8. 取一片竹笪用两小块澄面团固定好。

9. 用少许法香遮挡澄面。

10. 取 2 个不同颜色的车厘子，交叉摆入碟中。

## 四、注意事项

1. 烫澄面时水要开，不要一下子下太多水，可以分 2 次 ~3 次加完。

2. 剪裁竹笪时可以用剪刀剪，也可以用刀砍，做到简洁美观。

3. 完成后应及时整理，将碟中的水、杂质等清理干净。

## 五、成品特点

清爽利落、干净简洁。

## 六、学生课堂评价表

| 班别 | | 姓名 | |
|---|---|---|---|
| 评价项目 | 配分 | 自评分 | 教师评分 |
| 色彩搭配 | 20 | | |
| 层次 | 20 | | |
| 造型 | 30 | | |
| 比例 | 15 | | |
| 卫生 | 15 | | |
| 总分 | 100 | | |

## 七、作业与思考题

烫澄面时有哪些注意事项？

# 实训四　宾至如归

## 一、目标与要求

1. 掌握散尾葵的修剪方法和果酱的点缀方法。
2. 注意实训中的清洁与卫生。

## 二、实训准备

1. 原料：澄面、紫色满天星、情人草、法香、散尾葵、竹笪、紫色果酱、乳白色果酱。
2. 工具：刀、盘、砧板、碟子、擀面棍、牙签。

## 三、实训操作

1. 把开水倒入澄面中烫面，不要烫得太熟。

2. 用擀面棍一边搅拌一边加水。

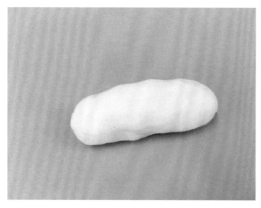

3. 把澄面揉成团用保鲜膜封好，备用。

4. 取一片散尾葵，用刀或剪刀斜切去长的叶子。

5. 另外一边用同样的方法切一刀，使其对称。

6. 取一小块澄面，插上散尾葵固定好。

7. 取一段满天星和情人草插入并固定好。

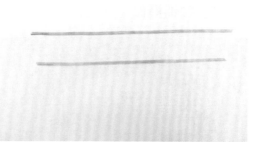

8. 从竹筐中抽出 2 条细竹篾备用。

9. 把竹篾弯曲插入澄面固定好，绕成 2 个大小不同的圈，错开固定好。

10. 用紫色果酱点 3 个不同的点，用乳白色果酱在紫色果酱上点 3 个乳白色的小点。

11. 用牙签在果酱上画一条线。

12. 成品欣赏。

## 四、注意事项

1. 使用果酱时要注意卫生，点乳白色果酱时要注意控制用量，不宜太多。

2. 剪裁竹筘时可以用剪刀剪，散尾葵可以用桑刀切也可以用剪刀剪，尾部要修尖，做到简洁美观。

3. 完成后应及时整理，将碟中的水、杂质等清理干净。

## 五、成品特点

清爽利落、干净简洁、错落有致。

## 六、学生课堂评价表

| 班别 | | 姓名 | |
|---|---|---|---|
| 评价项目 | 配分 | 自评分 | 教师评分 |
| 色彩搭配 | 20 | | |
| 层次 | 20 | | |
| 造型 | 30 | | |
| 比例 | 15 | | |
| 卫生 | 15 | | |
| 总分 | 100 | | |

## 七、作业与思考题

在紫色果酱上加乳白色果酱时为什么要控制用量？

# 实训五　花好月圆

## 一、目标与要求

1.掌握斜刀切蒜薹时的刀深和刀距。

2.学会鲜花的选择与色彩的搭配。

3.注意实训中的清洁与卫生。

## 二、实训准备

1.原料：澄面、蒜薹、紫色满天星、情人草、红色果酱、法香。

2. 工具：刀、盘、砧板、碟子、擀面棍、剪刀。

## 三、实训操作

1. 把开水倒入澄面中烫面，不要烫得太熟。

2. 用擀面棍一边搅拌一边加水。

3. 把澄面揉成团用保鲜膜封好，备用。

4. 取 1 根蒜薹用刀斜切，间隔要均匀，深度是原料的 1/2，切记不要切断。

5. 用同样的方法，另外一面错开对面的刀口斜切。

6. 两面切好如图，切 2 根，一根长一根短。

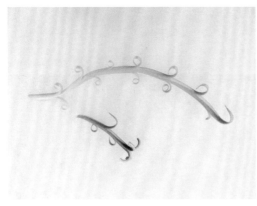

7. 切好的蒜薹泡清水一段时间, 取出吸干水备用。    8. 取一小块澄面, 把泡好的蒜薹插入澄面。

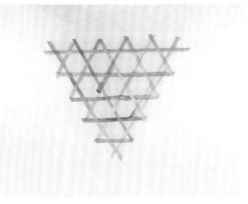

9. 取一小段满天星和另外的蒜薹插进澄面固定。    10. 取一片竹笪用剪刀修剪成三角形。

11. 取小段满天星插进澄面固定, 竹笪插入作为背景, 用少许法香遮挡澄面。    12. 取一段情人草插进即可。

## 四、注意事项

1. 切蒜薹时刀深要控制好, 不可以切得太深或者切断。

2.蒜薹要泡清水，弯曲定好形，做到简洁美观。

3.完成后应及时整理，将碟中的水、杂质等清理干净。

## 五、成品特点

清爽利落、干净简洁、错落有致。

## 六、学生课堂评价表

| 班别 | | 姓名 | |
|---|---|---|---|
| 评价项目 | 配分 | 自评分 | 教师评分 |
| 色彩搭配 | 20 | | |
| 层次 | 20 | | |
| 造型 | 30 | | |
| 比例 | 15 | | |
| 卫生 | 15 | | |
| 总分 | 100 | | |

## 七、作业与思考题

如何运用果酱使作品的视觉效果得到进一步提升？

# 实训六　情意缠绵

## 一、目标与要求

1.掌握竹笪的修剪方法和果酱的点缀方法。
2.注意实训中的清洁与卫生。

## 二、实训准备

1.原料：澄面、满天星、海金沙草、法香、苦菊、竹笪、红色果酱。
2.工具：刀、盘、砧板、碟子、擀面棍。

## 三、实训操作

1.把开水倒入澄面中烫面，不要烫得太熟。

2.用擀面棍一边搅拌一边加水。

3.把澄面揉成团用保鲜膜封好，备用。

4.取一片竹笪剪裁成如图所示的形状。

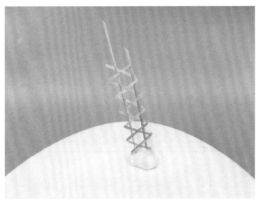

5. 取一小块澄面插上竹笪固定好。

6. 取一小段海金沙草缠绕在竹笪上。

7. 取一小段苦菊插入澄面固定。

8. 取不同颜色的满天星插入澄面固定好。

9. 取少许法香遮挡澄面。

10. 用红色果酱点 4 个不同大小的圆点。

## 四、注意事项

1. 海金沙草在使用前要放在清水中浸泡。

2. 剪裁竹笪时可以用剪刀剪，尾部要修尖，一边长一边短，做到简洁美观。

3.完成后应及时整理，将碟中的水、杂质等清理干净。

## 五、成品特点

清爽利落、干净简洁、错落有致。

## 六、学生课堂评价表

| 班别 | | 姓名 | |
|---|---|---|---|
| 评价项目 | 配分 | 自评分 | 教师评分 |
| 色彩搭配 | 20 | | |
| 层次 | 20 | | |
| 造型 | 30 | | |
| 比例 | 15 | | |
| 卫生 | 15 | | |
| 总分 | 100 | | |

## 七、作业与思考题

澄面揉成团时为什么要趁热?

# 实训七　满园春色

## 一、目标与要求

1. 学会合理调配不同颜色的鲜花进行装饰。
2. 掌握好插花的层次感和空间感。
3. 注意实训中的清洁与卫生。

## 二、实训准备

1. 原料：澄面、蒜薹、不同颜色的满天星、法香、竹笪。
2. 工具：刀、盘、砧板、碟子、擀面棍。

## 三、实训操作

1. 把开水倒入澄面中烫面，不要烫得太熟。

2. 用擀面棍一边搅拌一边加水。

3. 把澄面揉成团用保鲜膜封好，备用。

4. 剪取一节长方条的竹笪，用少许澄面粘连成环形。

5. 把环形竹笡放入碟子，用澄面固定。

6. 取少许满天星插入环形中。

7. 把一根改好刀泡过水的蒜薹放入环形中。

8. 用少许法香挡住澄面。

9. 插入一小段不同颜色的满天星。

10. 在旁边放一朵鸡蛋花配色。

## 四、注意事项

1. 切蒜薹时刀深要控制好，不可以切得太深或者切断。

2. 用澄面粘连竹笡时要粘牢，否则竹笡圈可能会散开。

3.完成后应及时整理，将碟中的水、杂质等清理干净。

## 五、成品特点

清爽利落、干净简洁、错落有致。

## 六、学生课堂评价表

| 班别 | | 姓名 | |
|---|---|---|---|
| 评价项目 | 配分 | 自评分 | 教师评分 |
| 色彩搭配 | 20 | | |
| 层次 | 20 | | |
| 造型 | 30 | | |
| 比例 | 15 | | |
| 卫生 | 15 | | |
| 总分 | 100 | | |

## 七、作业与思考题

粘连环形竹筤时为什么要粘牢?

# 实训八　鸿运当头

## 一、目标与要求

1.掌握修剪竹筤的技巧。
2.注意实训中的清洁与卫生。

## 二、实训准备

1. 原料：澄面、蓝色满天星、黄色玫瑰花瓣、火龙珠果、竹笪。
2. 工具：刀、盘、砧板、碟子、擀面棍。

## 三、实训操作

1. 把开水倒入澄面中烫面，不要烫得太熟。

2. 用擀面棍一边搅拌一边加水。

3. 把澄面揉成团封好保鲜膜，备用。

4. 取一节长方条的竹笪，用少许澄面粘连成环形。

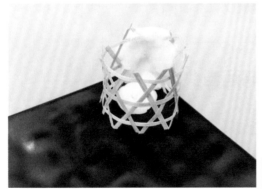

5. 把环形竹笪放入碟边，用澄面固定。

6. 取少许满天星插入环形竹笪中。

7. 取一截火龙珠果插入环形竹笪中。

8. 在环形竹笪旁边放 2 片黄色玫瑰花瓣。

9. 成品欣赏。

## 四、注意事项

1. 用澄面粘连竹笪时要粘牢、粘稳。

2. 完成后应及时整理，将碟中的水、杂质等清理干净。

## 五、成品特点

清爽利落、干净简洁、错落有致。

## 六、学生课堂评价表

| 班别 | | 姓名 | |
| --- | --- | --- | --- |
| 评价项目 | 配分 | 自评分 | 教师评分 |
| 色彩搭配 | 20 | | |
| 层次 | 20 | | |
| 造型 | 30 | | |
| 比例 | 15 | | |
| 卫生 | 15 | | |
| 总分 | 100 | | |

## 七、作业与思考题

为什么要用澄面固定环形的竹笪?

# 实训九　一帆风顺

## 一、目标与要求

1. 掌握艳山姜背景装饰的技巧。
2. 注意实训中的清洁与卫生。

## 二、实训准备

1. 原料:澄面、艳山姜、大丽菊、紫色满天星、情人草、法香、各色果酱。
2. 工具:刀、盘、砧板、碟子、擀面棍。

### 三、实训操作

1. 把开水倒入澄面中烫面，不要烫得太熟。

2. 用擀面棍一边搅拌一边加水。

3. 把澄面揉成团用保鲜膜封好，备用。

4. 取一片艳山姜用刀切去边角。

5. 修成长的类菱形。

6. 取一小块澄面把修好的艳山姜固定好。

7. 取少许满天星和情人草插入澄面固定好。

8. 取一朵大丽菊插入澄面固定好，用法香遮挡澄面。

9. 用果酱画线条进行装饰。

10. 成品欣赏。

## 四、注意事项

1. 艳山姜改刀后的形状要美观，尾部要尖。

2. 用果酱画线条时要流畅，做到简洁美观。

3. 完成后应及时整理，将碟中的水、杂质等清理干净。

## 五、成品特点

清爽利落、干净简洁。

## 六、学生课堂评价表

| 班别 | | 姓名 | |
|---|---|---|---|
| 评价项目 | 配分 | 自评分 | 教师评分 |
| 色彩搭配 | 20 | | |
| 层次 | 20 | | |
| 造型 | 30 | | |
| 比例 | 15 | | |
| 卫生 | 15 | | |
| 总分 | 100 | | |

## 七、作业与思考题

艳山姜改刀时要注意什么？

# 实训十　花前月下

## 一、目标与要求

1. 掌握插花的层次感和空间感。
2. 注意实训中的清洁与卫生。

## 二、实训准备

1. 原料：澄面、紫色满天星、情人草、法香、火龙珠果、蒜薹、苦菊。
2. 工具：刀、盘、砧板、碟子、擀面棍。

## 三、实训操作

1. 把开水倒入澄面中烫面，不要烫得太熟。

2. 用擀面棍一边搅拌一边加水。

3. 把澄面揉成团用保鲜膜封好，备用。

4. 取1根蒜薹用刀斜切，间隔要均匀，深度是原料的1/3，切记不要切断。

5. 用同样的方法，另外一面错开对面的刀口斜切。

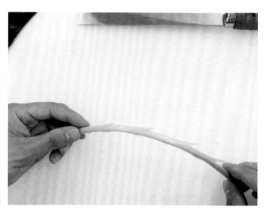

6. 两面切好后泡清水至刀口微微卷起。

7. 泡好的蒜薹绕一圈用小团澄面固定住。

8. 取少许满天星、情人草及苦菊，插入澄面固定。

9. 取少许法香遮挡澄面团。

10. 取一截火龙珠果插入固定。

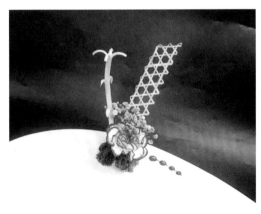

11. 成品 1 欣赏。

12. 成品 2 欣赏。

13. 成品 3 欣赏。　　　　　　　　14. 成品 4 欣赏。

## 四、注意事项

1. 切蒜薹时刀深要控制好，不可以切得太深或者切断。

2. 蒜薹绕一圈泡水定型，用澄面固定好两端。

3. 完成后应及时整理，将碟中的水、杂质等清理干净。

## 五、成品特点

清爽利落、干净简洁、错落有致。

## 六、学生课堂评价表

| 班别 | | 姓名 | |
|---|---|---|---|
| 评价项目 | 配分 | 自评分 | 教师评分 |
| 色彩搭配 | 20 | | |
| 层次 | 20 | | |
| 造型 | 30 | | |
| 比例 | 15 | | |
| 卫生 | 15 | | |
| 总分 | 100 | | |

## 七、作业与思考题

切蒜薹时为什么不可以切得太深?

# 项目三 食雕盘饰

食雕盘饰是将一些常见的果蔬原料，运用一定的雕刻技法和组装技巧拼接而成的、具有一定欣赏价值的精巧菜肴装饰作品。

## 一、原料

食雕盘饰常用原料包括白萝卜、胡萝卜、莴笋、南瓜、心里美萝卜、青萝卜、西瓜等。

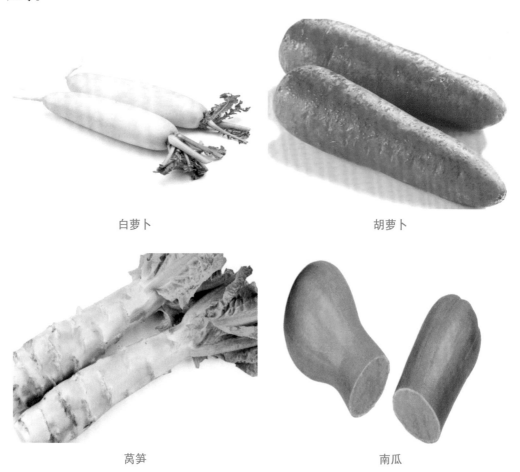

白萝卜

胡萝卜

莴笋

南瓜

心里美萝卜

青萝卜

## 二、工具

食雕盘饰常用工具包括菜刀、雕刻刀、拉刀、镊子、戳刀、造型模具等。

雕刻刀

大号、中号、小号拉刀

## 三、制作要求

1. 根据菜肴的特点、色泽、碟子大小、比例等因素来设计造型。
2. 注意操作的卫生和器皿的清洁。
3. 食雕盘饰应卫生、刀工精准，注重美观性。

## 四、特点

色彩搭配合理、造型美观大方、成品清爽利落。

# 实训一　玫瑰花盘饰

## 一、目标与要求

1. 掌握拉刀法、旋刀法在雕刻中的运用。
2. 掌握玫瑰花雕刻的步骤。
3. 注意实训中的清洁与卫生。

## 二、实训准备

1. 原料：胡萝卜 1 个、西瓜皮 3 块、铁丝 3 根、绿色胶带 1 卷。
2. 工具：主刀、拉刻刀（戳刀）、碟子。

## 三、实训操作

1. 用主刀从胡萝卜中取出一截长度约 3cm 的段。

2. 用大号拉刀拉出 1 片玫瑰花翻瓣的弧度（每片花瓣大约占原料的 1/3）。

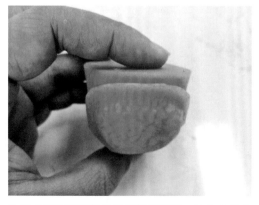

3. 用主刀沿着花瓣边缘斜描出花瓣，片去 1 片废料，形成第 1 片玫瑰花瓣。

4. 以第 2 步、第 3 步的雕刻方法刻出第 1 层 3 片玫瑰花瓣。

5. 修平花瓣上端原料，用旋刀法从一片花瓣到另一片的中间选出 1 片花瓣，去掉废料。

6. 以第 5 步的雕刻方法刻出第 2 层 3 片花瓣。

7. 用旋刀法刻出其余的花瓣，直至收心。

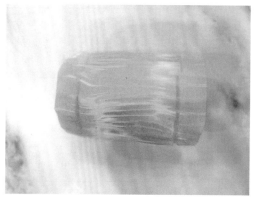

8. 取一截莴笋，去皮后用小号拉刀定出瓶口、瓶身、瓶底轮廓。

9. 雕出瓶口、瓶身和瓶底，用大号拉刀挖掉瓶口废料。

10. 用莴笋雕出花瓶，将铁丝剪成小段缠上胶带后，插上叶子和玫瑰花，最后插入花瓶中即可。

## 四、注意事项

1. 把握好花瓣的三度——长度、宽度、深度。

2. 掌握好拉刀法、旋刀法技巧，去除废料干净利落。

3. 注意操作过程中的卫生。

4. 完成后应及时整理，将碟中的水、杂质等清理干净。

## 五、成品特点

造型美观、干净简洁，适用于大部分菜肴盘饰和情人节菜品装饰。

## 六、学生课堂评价表

| 班别 | | 姓名 | |
|---|---|---|---|
| 评价项目 | 配分 | 自评分 | 教师评分 |
| 色彩搭配 | 20 | | |
| 刀法 | 20 | | |
| 造型 | 30 | | |
| 比例 | 15 | | |
| 卫生 | 15 | | |
| 总分 | 100 | | |

## 七、作业与思考题

1. 如何雕刻出玫瑰花的外层翻瓣效果？

2. 雕刻玫瑰花花心的技巧是什么？

# 实训二　月季花盘饰

## 一、目标与要求

1.掌握描刀法、片刀法在雕刻中的运用。

2.掌握月季花的雕刻步骤。

3.注意实训中的清洁与卫生。

## 二、实训准备

1.原料：胡萝卜1个、西瓜皮3块、铁丝3根、绿色胶带1卷。

2.工具：主刀、钳子、碟子。

## 三、实训操作

1. 从胡萝卜中取出一截长度约2cm的段，从底部用主刀斜切出五角形。

2. 用刀尖描出5片花瓣上端的弧度。

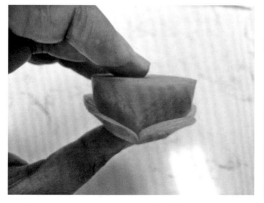

3. 用主刀片出5片薄厚均匀的花瓣。

4. 在2片花瓣的中间斜片出1片废料，以第2步的雕刻方法描出花瓣上端的弧度。

5. 片出第 2 层月季花的花瓣。

6. 以第 4 步的雕刻方法片去废料后，描出花瓣弧度，片出第 3 层花瓣。

7. 修圆花心，用旋刀法刻出其余的花瓣，直至收心。

8. 用西瓜皮刻出叶子，插入剪短的铁丝上，取 1 片莴笋作为底座，将月季花和叶子用胶水粘在底座上。

## 四、注意事项

1. 掌握好片刀法、描刀法技巧，去除废料干净利落。

2. 注意操作过程中的卫生。

3. 完成后应及时整理，将碟中的水、杂质等清理干净。

## 五、成品特点

造型美观、干净简洁，适用于大部分菜肴盘饰。

## 六、学生课堂评价表

| 班别 | | 姓名 | |
| --- | --- | --- | --- |
| 评价项目 | 配分 | 自评分 | 教师评分 |
| 色彩搭配 | 20 | | |
| 刀法 | 20 | | |
| 造型 | 30 | | |
| 比例 | 15 | | |
| 卫生 | 15 | | |
| 总分 | 100 | | |

## 七、作业与思考题

1. 胡萝卜底部如何片出均匀的五角形状?

2. 如何更好地保护花瓣在雕刻中不被片掉或片伤?

# 实训三　牡丹花盘饰

## 一、目标与要求

1. 掌握抖刀法、片刀法在雕刻中的运用。

2. 掌握牡丹花的雕刻步骤。

3. 注意实训中的清洁与卫生。

## 二、实训准备

1. 原料:胡萝卜 1 个、白萝卜 1 个、西瓜皮 3 块、色用喷粉 1 瓶。

2. 工具：主刀、钳子、碟子。

## 三、实训操作

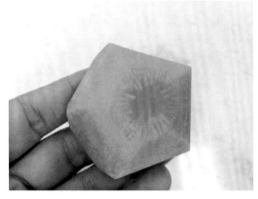

1. 从胡萝卜中截取出一长度约 3cm 的段，从底部斜切出均匀的 5 个平面。

2. 主刀斜贴住平面，用抖刀法抖出牡丹花的花瓣弧度。

3. 用主刀沿平面片出 5 片薄厚均匀的花瓣。

4. 在 2 片花瓣的中间斜片出 1 片废料，以第 2 步的雕刻方法描出花瓣上端的弧度。

5. 以第 2 步、第 3 步、第 4 步的雕刻方法雕出第 2 层和第 3 层牡丹花花瓣。

6. 用主刀修圆剩下的原料，用抖刀法抖出牡丹花的 1 片花瓣，去掉 1 层废料。

7. 以第 6 步的方法雕刻出剩余花瓣，直至收心。

8. 用西瓜皮刻出 3 片叶子，用白萝卜雕刻出牡丹花，用紫色色粉喷上颜色后，将牡丹花和叶子用胶水粘在底座上。

## 四、注意事项

1.掌握好抖刀法、片刀法技巧，去除废料干净利落。

2.注意操作过程中的卫生。

3.完成后应及时整理，将碟中的水、杂质等清理干净。

## 五、成品特点

牡丹花象征富贵吉祥，适用于节日喜庆类菜肴盘饰。

## 六、学生课堂评价表

| 班别 | | 姓名 | |
|---|---|---|---|
| 评价项目 | 配分 | 自评分 | 教师评分 |
| 色彩搭配 | 20 | | |
| 刀法 | 20 | | |
| 造型 | 30 | | |
| 比例 | 15 | | |
| 卫生 | 15 | | |
| 总分 | 100 | | |

## 七、作业与思考题

1. 如何使牡丹花整体花瓣呈现收拢效果？
2. 牡丹花的叶子是如何雕刻的？

# 实训四　荷花盘饰

## 一、目标与要求

1. 掌握描刀法、片刀法在雕刻中的运用。
2. 掌握荷花的雕刻步骤。
3. 注意实训中的清洁与卫生。

## 二、实训准备

1. 原料：胡萝卜1个、西瓜皮3块、铁丝、绿色胶带。
2. 工具：主刀、钳子、碟子。

## 三、实训操作

1. 从胡萝卜中截取出一长度约 3cm 的段，从底部斜切出均匀的 5 个平面。

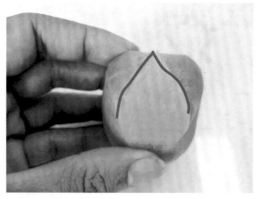

2. 用主刀描出荷花第 1 层花瓣线条。

3. 用主刀沿平面片出 5 片薄厚均匀的花瓣。

4. 在 2 片花瓣的中间斜片出 1 片废料，以第 2 步的雕刻方法描出花瓣上端的弧度。

5. 以第 2 步、第 3 步、第 4 步的雕刻方法雕出第 2 层和第 3 层荷花花瓣。

6. 用主刀修圆剩下的原料，再修出莲蓬大致形状，刻出中间的莲籽。

7. 用主刀刻出荷叶大致形状，再用小号拉刀拉出叶脉。

8. 用绿色胶带缠好铁丝，再将荷叶和荷花粘好插在底座上。

## 四、注意事项

1. 掌握好描刀法、片刀法技巧，去除废料干净利落。

2. 注意操作过程中的卫生。

3. 完成后应及时整理，将碟中的水、杂质等清理干净。

## 五、成品特点

荷花盘饰常用于夏季菜肴装饰，也可用于莲藕、鱼类等菜肴的摆盘装饰。

## 六、学生课堂评价表

| 班别 | | 姓名 | |
|---|---|---|---|
| 评价项目 | 配分 | 自评分 | 教师评分 |
| 色彩搭配 | 20 | | |
| 刀法 | 20 | | |
| 造型 | 30 | | |
| 比例 | 15 | | |
| 卫生 | 15 | | |
| 总分 | 100 | | |

## 七、作业与思考题

1. 荷花可以与什么形状的底座进行搭配?

2. 荷花的莲蓬雕刻有什么技巧?

# 实训五 菊花盘饰

## 一、目标与要求

1. 掌握戳刀技法在雕刻中的运用。

2. 掌握龙爪菊的雕刻步骤。

3. 注意实训中的清洁与卫生。

## 二、实训准备

1. 原料：胡萝卜1个、小白菜2棵、莴笋1截、南瓜头1块、龙爪菊、铁丝、绿色胶带。

2. 工具：主刀、钳子、碟子。

## 三、实训操作

1. 从胡萝卜中截取出一长度约3cm的段，从底部修出高脚杯身形状。

2. 用小号戳刀戳出龙爪菊第1层花瓣，修去1层废料。

3. 用戳刀戳出第2层龙爪菊的花瓣，再修去1层废料。

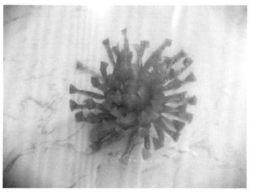

4. 以第2步、第3步的雕刻方法戳出其余花瓣，直至收心。

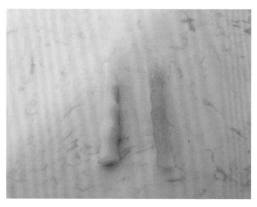

5.取一截莴笋，去皮后修圆，雕成竹子形状。

6.取一块南瓜头，雕刻出假山底座。

7.将菊花叶子、白菜菊、龙爪菊、竹子组装到底座上。

## 四、注意事项

1.掌握好戳刀法雕刻技巧，去除废料干净利落。

2.注意操作过程中的卫生。

3.完成后应及时整理，将碟中的水、杂质等清理干净。

## 五、成品特点

菊花类雕刻作品可用于大部分菜肴摆盘装饰。

## 六、学生课堂评价表

| 班别 | | 姓名 | |
|---|---|---|---|
| 评价项目 | 配分 | 自评分 | 教师评分 |
| 色彩搭配 | 20 | | |
| 刀法 | 20 | | |
| 造型 | 30 | | |
| 比例 | 15 | | |
| 卫生 | 15 | | |
| 总分 | 100 | | |

## 七、作业与思考题

1.如何雕刻出白菜菊?

2.通过日常、网络图片和视频等方式观察并雕刻出菊花叶子。

# 实训六　梅树盘饰

## 一、目标与要求

1.掌握梅树和梅花的雕刻步骤。

2.注意实训中的清洁与卫生。

## 二、实训准备

1.原料:胡萝卜1个、莴笋1段、白萝卜1段。

2. 工具：主刀、大号拉刀、小号 U 形戳刀、碟子。

## 三、实训操作

1. 用大刀切 1 片胡萝卜，再用主刀雕刻出梅树的大致形状。

2. 用主刀和大号拉刀拉出梅树枝干脉络。

3. 用戳刀戳出梅花。

4. 将梅花用胶水粘贴到梅树上。

5. 取一截莴笋，去皮后根据大小切成长方形，用主刀雕出花盆，掏空盆口废料。

6. 将梅树用胶水粘到花盆上，再点缀些萝卜碎粒。

## 四、注意事项

1. 掌握好梅树、梅花雕刻技巧，去除废料干净利落。

2. 注意操作过程中的卫生。

3. 完成后应及时整理，将碟中的水、杂质等清理干净。

## 五、成品特点

梅花雕刻作品可用于大部分菜肴摆盘装饰。

## 六、学生课堂评价表

| 班别 | | 姓名 | |
|---|---|---|---|
| 评价项目 | 配分 | 自评分 | 教师评分 |
| 色彩搭配 | 20 | | |
| 刀法 | 20 | | |
| 造型 | 30 | | |
| 比例 | 15 | | |
| 卫生 | 15 | | |
| 总分 | 100 | | |

## 七、作业与思考题

梅树有什么雕刻技巧？

# 实训七　椰树盘饰

## 一、目标与要求

1. 掌握椰树的雕刻步骤。
2. 注意实训中的清洁与卫生。

## 二、实训准备

1. 原料：胡萝卜 1 个、胶水。
2. 工具：主刀、拉刀、碟子。

## 三、实训操作

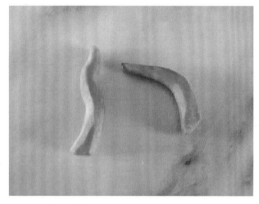

1. 取 1 截胡萝卜，用主刀对半切成 2 块，修出椰树主干大致形状。

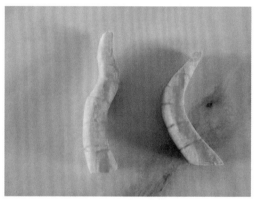

2. 用小号拉刀拉出椰树主干的纹路。

3. 取几块胡萝卜，用主刀修成长柳叶状，并打出边缘锯齿，再片成薄片。

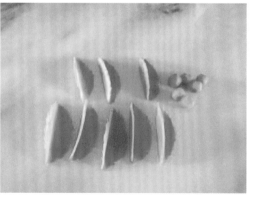

4. 将 2 片薄片的叶子粘起来，形成椰树叶子，再用主刀修出几个圆形的椰子。

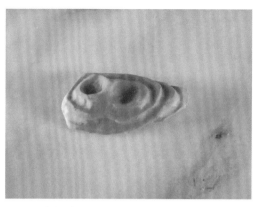

5.取一块胡萝卜，去皮后用大号拉刀拉出椰树底座。

6.将椰树干顶部粘上3片叶子和椰子，再将椰树粘在底座上。

## 四、注意事项

1.掌握好椰树干、叶子的雕刻技巧，去除废料干净利落。

2.注意操作过程中的卫生。

3.完成后应及时整理，将碟中的水、杂质等清理干净。

## 五、成品特点

椰树作品可用于大部分海鲜类菜肴摆盘装饰。

## 六、学生课堂评价表

| 班别 | | 姓名 | |
|---|---|---|---|
| 评价项目 | 配分 | 自评分 | 教师评分 |
| 色彩搭配 | 20 | | |
| 刀法 | 20 | | |
| 造型 | 30 | | |
| 比例 | 15 | | |
| 卫生 | 15 | | |
| 总分 | 100 | | |

## 七、作业与思考题

1. 是否还有其他椰树雕刻方法？
2. 学习小船的雕刻，并与椰树搭配形成一组盘饰。

# 实训八　宝塔盘饰

## 一、目标与要求

1. 掌握宝塔的雕刻步骤。
2. 注意实训中的清洁与卫生。

## 二、实训准备

1. 原料：胡萝卜1个、番茜4根、胶水。
2. 工具：主刀、拉刀、小号U形戳刀、碟子、牙签。

## 三、实训操作

1. 取1块胡萝卜，头部切平，用小号拉刀拉出3条直线，分出6个等边三角形。

2. 萝卜尾部切片，沿着边缘定出的线切出6个均匀的平面。

3. 用小号拉刀拉出塔檐和塔身的纹路。

4. 用主刀沿着塔檐片出每层的塔身。

5. 用主刀修出每一层的塔檐。

6. 用小号拉刀钻出每层塔身的窗口，再用主刀修出底部的楼梯和塔门。

7. 修出小圆珠粘在塔檐尖端，用牙签串上 2 颗圆珠插在塔顶，放在碟子中间围上番茜。

## 四、注意事项

1. 掌握好宝塔的雕刻技巧，去除废料干净利落。

2. 宝塔顶部的塔檐要比其他层的塔檐留出更大的面积。

3. 注意操作过程中的卫生。

4. 完成后应及时整理，将碟中的水、杂质等清理干净。

## 五、成品特点

宝塔可用于圆盘和方形盘装饰，适合大部分菜肴摆盘装饰。

## 六、学生课堂评价表

| 班别 | | 姓名 | |
|---|---|---|---|
| 评价项目 | 配分 | 自评分 | 教师评分 |
| 色彩搭配 | 20 | | |
| 刀法 | 20 | | |
| 造型 | 30 | | |
| 比例 | 15 | | |
| 卫生 | 15 | | |
| 总分 | 100 | | |

## 七、作业与思考题

如何用宝塔的雕刻方法雕出其他建筑类雕刻盘饰作品？如小桥、亭子等。

# 实训九　神仙鱼盘饰

## 一、目标与要求

1. 掌握神仙鱼、珊瑚的雕刻步骤。
2. 注意实训中的清洁与卫生。

## 二、实训准备

1. 原料：胡萝卜 1 个、白萝卜 1 截、莴苣 1 根、胶水。
2. 工具：主刀、拉刀、碟子。

## 三、实训操作

1. 取 1 块胡萝卜，用主刀修出神仙鱼的大体轮廓。

2. 用小号拉刀拉出神仙鱼鱼身、鱼尾和鱼鳍的纹路。

3. 用小号、大号拉刀修出神仙鱼各部位纹路，用主刀刻出鱼嘴。

4. 用主刀刻出鱼鳞，用小号拉刀拉刻出鱼尾和鱼鳍，装上仿真眼。

5.取1块白萝卜，刻出假山底座。

6.将莴苣切出一些小长条状，修圆，用大号拉刀拉出小坑，并粘在一起。

7.将假山底座、珊瑚、水草和神仙鱼粘在一起。

## 四、注意事项

1.掌握神仙鱼、珊瑚的雕刻技巧，去除废料干净利落。

2.注意操作过程中的卫生。

3.完成后应及时整理，将碟中的水、杂质等清理干净。

## 五、成品特点

神仙鱼适用于大部分水产类菜肴摆盘装饰。

## 六、学生课堂评价表

| 班别 | | 姓名 | |
|---|---|---|---|
| 评价项目 | 配分 | 自评分 | 教师评分 |
| 色彩搭配 | 20 | | |
| 刀法 | 20 | | |
| 造型 | 30 | | |
| 比例 | 15 | | |
| 卫生 | 15 | | |
| 总分 | 100 | | |

## 七、作业与思考题

1. 掌握其他水产鱼类、虾蟹类、贝类雕刻技巧。

2. 观看视频学习浪花的雕刻技巧。

# 实训十 喜鹊盘饰

## 一、目标与要求

1. 掌握喜鹊的雕刻步骤。

2. 注意实训中的清洁与卫生。

## 二、实训准备

1. 原料：胡萝卜1个、莴苣1根、胶水。

2. 工具：主刀、拉刀、碟子。

## 三、实训操作

1. 取1块胡萝卜，用主刀将头部修成U形。

2. 保留喜鹊头部厚度，用主刀切出V形。

3. 用主刀雕出喜鹊的头部。

4. 将左右两刀斜修平鸟身，雕出鸟身轮廓，再刻出喜鹊翅膀。

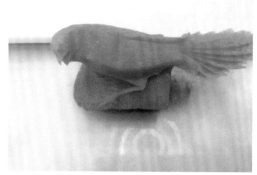

5. 雕出喜鹊尾巴和脚。

6. 用小号拉刀细化喜鹊的羽毛，再插入仿真眼作为喜鹊的眼睛。

7. 莴苣去皮，用中号拉刀在上面拉出长丝，围　8. 将喜鹊粘在鸟巢上。
成一个鸟巢。

## 四、注意事项

1. 掌握喜鹊的雕刻技巧，去除废料干净利落。

2. 练习喜鹊雕刻过程中，可分部位进行练习，然后再进行整体练习。

3. 注意操作过程中的卫生。

4. 完成后应及时整理，将碟中的水、杂质等清理干净。

## 五、成品特点

喜鹊寓意喜事临门，适用于大部分菜肴摆盘装饰。

## 六、学生课堂评价表

| 班别 | | 姓名 | |
|---|---|---|---|
| 评价项目 | 配分 | 自评分 | 教师评分 |
| 色彩搭配 | 20 | | |
| 刀法 | 20 | | |
| 造型 | 30 | | |
| 比例 | 15 | | |
| 卫生 | 15 | | |
| 总分 | 100 | | |

中餐盘饰实训

## 七、作业与思考题

1. 掌握其他小鸟的雕刻技法。
2. 喜鹊底座有哪些类型？

# 项目四　糖艺盘饰

糖艺是指运用白砂糖、葡萄糖浆或艾素糖等原料经过配比、熬煮等程序得到的糖体，按照造型的要求，通过不同的技法，以写实或抽象的方式，捏塑成具有一定美感的造型的技艺。糖艺造型一般以传统的拉糖、吹糖手艺为技术基础，加之创作者巧妙的创意和构思，合理运用各种糖体材料及配件精心搭配组合而成。糖艺作为我国食品造型艺术的后起之秀，得到了很好的发展，越来越受到人们的喜爱和重视，犹如一颗冉冉升起的新星，在国际烹饪技能大赛的舞台上逐渐崭露头角。

现代糖艺主要是指将艾素糖（异麦芽酮糖醇）加纯净水熬制，利用造型等方法加工处理后，制作出具有可食性、艺术性的独立食品或食品装饰插件，色彩丰富绚丽，质感剔透，三维效果清晰，是西点行业中奢华的展示品和装饰原料。在星级酒店或商务会馆，糖艺制品和巧克力插件制品与新鲜水果的搭配使用，是西点装饰品中最完美的组合。组合装饰才能充分体现原料的材质美和造型美，给人以色、香、味、形、器的全面感受，从中得到美的艺术享受。

糖艺在国际正规的大型西点比赛中属于必做项目，是检验选手西点功力和艺术修养的最佳手段。糖艺主要在高温环境下成型，从熬糖到出成品，操作者必须经过一段时间的科学培训和实践，才能掌握拉、拔、吹、沾等基本造型技法。

糖艺成品欣赏

2010 年以前，我国糖艺的主要原料是砂糖、葡萄糖和纯净水，缺点是比艾素糖难

操作，色泽不如艾素糖制品透亮，易受潮，相对不好保存；优点是成本低。所以仍有少量使用。

现代糖艺盘饰的特点是实用、小巧精致，可以提前制作，还可以搭配果酱画及其他可食用原料一起装饰食品。

## 一、原料

糖艺原料是作品成功的基础，质量良好的糖艺原料制作出来的作品晶莹剔透、栩栩如生。常用的糖艺原料特性及用途如下。

1. 艾素糖。化学名称为异麦芽酮糖醇，近年来国际上新兴的一种功能性糖醇，是蔗糖及其他糖醇的优良替代品，甜度是蔗糖的 50% ~ 60%，具有低吸湿性、高稳定性、高耐受性、低热量、甜味纯正、安全性极高等特点。从营养学角度来讲，异麦芽酮糖醇是一种碳水化合物。从人体生理学角度来讲，它在人体内不易被分解吸收，也不被绝大多数微生物分解利用。该产品作为糖的替代品，广泛应用于无糖食品、无糖保健品和无糖药品等产品的生产上。艾素糖价格较昂贵，纯度高、质量好，熬糖温度可以达到 170℃，并且保证不变色、不发黄，拉制后的糖体洁白如玉，可以直接加热用来制作糖艺作品。艾素糖制作的糖艺作品晶莹透亮、耀眼夺目。其特点是不返砂，并且不易溶化，可以多次重复使用。

艾素糖

白砂糖

2. 白砂糖。从甘蔗或甜菜根部提取、精制而成的产品。食糖中质量最好的一种，其颗粒为结晶状，颗粒大小均匀，颜色洁白，甜味纯正，是制作糖艺作品的主要材料。

3. 冰糖。砂糖的结晶再制品，一般有白色、微黄色、微红色、深红色等颜色，结晶如冰状，故名冰糖。冰糖以透明洁白者质量为佳，纯净、杂质少、口味清甜，半透明者次之。纯度高的白色晶体冰糖是制作糖艺作品的良好原料。

冰糖

糖浆

4.葡萄糖浆。以淀粉为原料，加酸或加酶，经水解和不完全糖化制成的无色或微黄色、透明、无晶粒的黏稠液体。主要成分为葡萄糖、麦芽糖、高糖和糊精，具有温和的甜味、黏度和保湿性，也称为葡萄糖浆、玉米糖浆或葡萄糖。糖浆价格便宜，可作为糖体的一部分降低成本，改善糖体的组织状态和风味。因其具有良好的抗结晶、抗氧化性、稳定性以及黏度适中，熬制糖液时需加入一定比例的淀粉糖浆。目的是改进糖体质量，阻止糖体返砂，使糖艺作品不易变形，延长其存放期。同时也可以增加糖体亮度，使其颜色更加艳丽。

## 二、工具

1.糖艺灯。主要用来烘烤糖体，使糖体软化或防止糖体变硬，便于糖体进行拉伸操作。

糖艺灯

不粘垫

2.不粘垫。糖体造型时用的垫子，不粘糖体，便于拿放。

3.气囊。吹糖工具，用于向糖体内吹气，使糖体因充气而膨胀，从而塑造出各种立体型作品，如苹果、海豚、天鹅等。

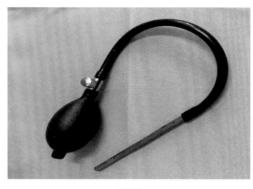

气囊

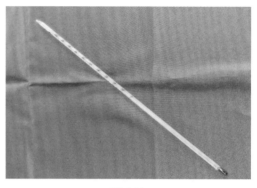

温度计

4. 温度计。用于熬糖时测量糖液的温度，刻度范围一般为 0℃ ~300℃，包括玻璃温度计、水银温度计等。

5. 酒精灯。用于糖艺作品花瓣、花叶各个部位的加热、黏接、组装。

酒精灯

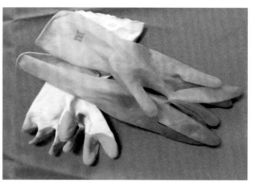

糖艺手套

6. 糖艺手套。糖艺操作时，避免双手与糖体直接接触，手套是用来隔热的，防止手被高温的糖体烫伤，防止手上的汗或脏东西污染糖体。

7. 剪刀。用于分割糖体和修整薄料的边缘，糖艺剪刀的刀口斜角一般较大，便于修剪。

剪刀

不锈钢复合底锅

8. 不锈钢复合底锅。用于熬制糖液的器皿，一般选择底面较厚、复合底的钢锅，圆周不宜太大。

9. 模具。一般由硅胶制成，有各种形状，如花叶、花瓣、菜叶等，将扯薄的糖片放在模具上可以压出清晰的花叶脉络，使花叶看起来更具真实感。

硅胶模具

电磁炉

10. 电磁炉。加热工具，用于熬制糖液。

11. 热风枪。功能跟打火机相似，没有明火。其加热的糖体不容易发黄，加热温度温和。

12. 电子秤。用于原料的称重，最小剂量可以精确到克。

电子秤

火枪

13. 火枪。用于糖体的局部加热与黏接、去除糖体上的瑕疵及疤痕，可以调节火焰大小。

14. 糖艺塑形刀。一般为不锈钢材质，用于糖艺的塑形工艺。

15. 喷笔。用于糖艺、泡沫等作品的上色。

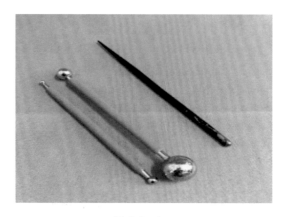

糖艺塑形刀

### 三、熬糖的方法

熬糖程序是糖艺制作技术的基础，也是制作流程中的关键环节。糖体熬制的质量直接影响作品制作的成败。熬糖的方法根据不同的制糖工艺而略有区别，可以根据原料的实际情况灵活调整。

（一）砂糖熬制方法

1. 配方

韩国白砂糖 1000g、桶装纯净水 400g、葡萄糖浆 200g、酒石酸 5 滴~8 滴。

2. 熬糖步骤

（1）在复合底不锈钢锅中加入韩国白砂糖 1000g、纯净水 300g，小心搅拌均匀（熬糖量占锅总容量的 1/2 比较适宜）。

（2）将锅先用低档火力加热，待糖完全熔化、与水充分混合后，再调到中档火力烧至沸腾。

（3）糖水沸腾时加入葡萄糖浆。用毛刷刷除糖水溶液中多余的杂质（防止糖水在锅边四周产生结晶体）。锅边由于水蒸气遇冷形成水珠，需要用湿抹布去除。

（4）当糖液的温度达到 130℃时，加入酒石酸；当糖体的温度达到 135℃时，加入色素（水性色素），之后调到高档火力快速升温。

（5）当糖液升温至 165℃时，将锅立刻从电磁炉移至湿抹布上，将糖液倒在耐高温的硅胶垫上，待冷却后，放入自封袋封好，放置在密封干燥的容器中保存。

3. 注意事项

（1）煮制时不可以在锅口覆盖任何物体，保证多余的水分充分蒸发。

（2）熬糖量占锅总容量的 1/2 比较合适。熬糖量太少，糖液的温度会迅速升高，温度变化不容易控制，温度计在糖液中探测的深度有限，测量结果可能出现误差；熬糖量太多，沸腾时有溢出的可能性，更为重要的是，当糖液变浓以后，底部和表面的温度差异较大，温度计测量结果会不准确。

（3）糖和纯净水入锅后需要小心搅拌均匀，不能用力过猛。

（4）纯净水可用蒸馏水代替，但不可以使用矿物质水，矿物质水的水质较硬，对糖体的质量会有影响。

（5）如果熬糖时需要加入色素，在糖体温度达到135℃时加入是最合适的，色素滴入后不需要搅拌，色素会在温度作用下自然散开。

（二）艾素糖熬制方法

由于艾素糖和其他普通糖的化学性质不一样，不用担心糖液会返砂，所以熬制方法相对简单一些。艾素糖的熬制方法分为加水熬制和干熬2种，得到的糖体材料各有特点，加水熬制得到的糖体容易塑形，操作的手感适中，便于把握。干熬得到的糖体硬化速度较快，防潮效果比较好，适合制作快速塑形的作品或作为作品的支架。

1. 加水熬制

（1）将100g水倒入锅内，调到高档火力烧沸，加入1000g艾素糖，搅拌至糖完全熔化。

（2）当糖液温度升至140℃时，调到中档火力，待糖液温度达到170℃即可。

1. 准备

2. 慢慢搅拌

3. 擦拭水珠

4. 测量温度

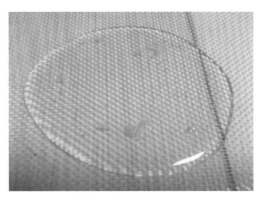

5.倒出糖浆

### 2.干熬

（1）将艾素糖直接倒入锅内，不需要加水。低档火力慢慢加热搅拌，避免糖焦糊。

（2）待糖完全熔化后停止搅拌，调到中档火力，熬至糖液温度达到170℃即可。

## 四、糖艺作品制作技法

### （一）拉糖

拉糖是对糖体进行反复折叠拉伸使其达到所需状态的一种技法。糖体在拉伸过程中会充入少量气体，从而增加糖体的光泽度。拉伸好的糖体色泽鲜艳、亮如绸缎，发出金属光泽。一般来说，65℃～75℃为拉糖的最佳温度。在拉糖过程中，糖体的活力程度有轻度、中度和过度之分，要根据需要进行合理控制。此外，糖体要经常翻动，以保持糖体的活力，避免糖体活力过度而"死亡"。

拉糖技术关键如下。

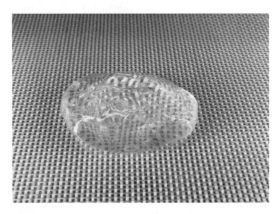

1.在熬好的糖液浇在不粘垫上降温的过程中，糖体边缘会最先降温变硬，要注意将边缘部分的糖体向内折回，与中心部位较热的糖体形成热量交换，避免糖体的温度不均匀而形成硬块，影响操作的顺畅度。

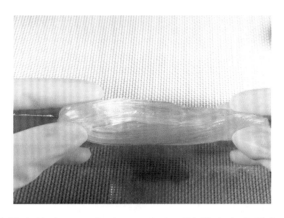

2.操作时要让糖体自然降温，降到70℃左右时糖体会完全脱离不粘垫，此时要将糖体折叠成块状。操作时动作要缓慢，让糖体能够均匀地交换热量，从而减缓降温速度。

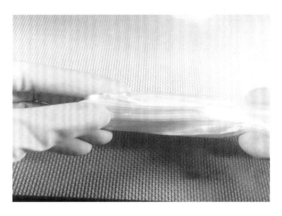

3.初始拉糖时动作要缓慢，像拉面一样反复折叠地拉伸，粗细要均匀，不宜拉得过长，一般拉至40cm左右即可。拉长后快速重叠，糖体粗细要均匀，从较粗处开始拉，避免将糖体拉断。

4.随着糖体逐渐变硬，反复折叠过程中充气量不断增加，糖体开始呈现出金属光泽。随着糖体进一步降温，糖体变硬，稍微加快拉糖的速度，并且加大拉糖的幅度，及时将两端的糖体折叠进去，以保持糖体旺盛的活力。

（二）拉花

由于糖艺花卉的各种花瓣、叶子的制作手法都以"拉勺"手法为基础，所以在这里重点介绍拉花技法。

1.取一块白色糖体，反复折叠至亮白，从糖体边缘处入手，用拇指和食指将糖体捏扁压薄。

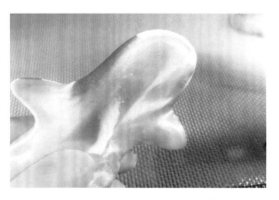

2.从捏扁压薄糖体边缘的中心位置用双手轻轻拉开 3cm ~ 5cm，使之变得更薄。

3.从边缘最薄处向外继续拉伸，扯出一片又薄又长的糖片（长勺状），糖片底部因拉力形成细丝状，用手掐断并向里折叠。趁软时根据花瓣形状快速整形。

4. 成品欣赏。

（三）吹糖

吹糖是通过气囊将空气送入糖体中，使糖体膨胀后再整理成所需形状的一种技法。在糖艺制作中，吹糖属于较高层次的技法。在进行吹糖操作时，糖体的温度较高，操作者要了解糖体的特性，趁着糖体温度高时，一边吹气一边造型，待达到满意的形状后，迅速用风扇吹风，使其快速冷却定形。操作方法如下。

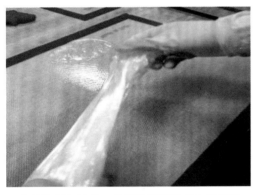

1. 将糖体反复拉伸，待糖体表面出现金属光泽后，再将糖体捏成圆球，用剪刀剪下。

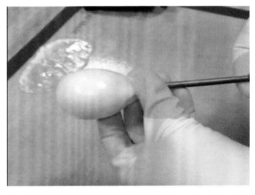

2. 用食指在圆球剪开的位置顶出一个小洞，将烧热的气囊金属嘴塞进去，到达圆球深度 1/3 处。

3. 将圆球开口处略微收紧，整理成粗细均匀的管状，挤压气囊缓缓向里面吹气。

4. 一边吹气一边调整圆球底部，使之形状规则、圆润饱满。

5. 待圆球膨胀变薄后，将圆球底部向外推出，圆球顶端插管处稍向外拉长，用剪刀剪下充满气体的圆球，迅速封住开口。

6. 成品欣赏。

技术关键如下。

1. 糖体圆球在整理孔洞时必须确保孔洞的四周圆壁厚度均匀，吹气时随时调整形状，否则球壁薄的地方易吹破漏气。

2. 气囊的金属嘴塞入球体前要烧热，这样收紧球体拉长尖端时容易与糖体充分熔合在一起，否则封口处容易漏气。充好气体并塑好形的球体要趁着球体还有一定温度时剪下，并用风扇散热以快速冷却定形。风扇的风力不宜太大，距离也不宜太近。

# 实训一　音符

## 一、目标与要求

1. 掌握拉糖技法的基本技巧。
2. 掌握五瓣花和音符的制作。

## 二、实训准备

1. 原料：艾素糖、纯净水、色素等。
2. 工具：糖艺灯、剪刀、不粘垫、酒精灯、耐高温手套、火枪、模具等。

## 三、实训操作

1. 将熬好的糖液浇在不粘垫上。

2. 五瓣花的制作：用剪刀剪 5 个水滴状糖滴，趁糖软的时候用剪刀在中间按下一半的深度，形成花瓣的形状。

3. 将 5 个花瓣放在一起，摆成一个圈。

4. 用流体糖滴在中间，把五瓣花粘牢在一起。

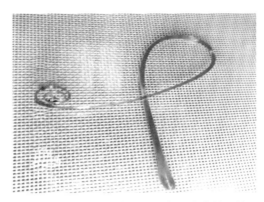

5. 将粉色糖体拉出线条，将糖条折成音符形状。

6. 再用粉色糖条把花瓣粘在一起，最后把音符和花瓣组合在盘子上。

## 四、注意事项

1.制作音符时，糖体的温度要适宜，过热会软，过凉会硬，迅速制作，上细下粗，形状美观。

2.五瓣花的制作达到简单、协调、美观即可。

3.在糖艺盘饰粘到盘子上之前，先用火枪加热盘子，再微微加热糖体需要粘连的部位，避免加热时烧到糖体其他部位，使音符变形。

## 五、成品特点

糖艺音符盘饰简单美观，色彩以浅色为主，五瓣花起到衬托的作用。

## 六、学生课堂评价表

| 班别 | | 姓名 | |
|---|---|---|---|
| 评价项目 | 配分 | 自评分 | 教师评分 |
| 色彩搭配 | 20 | | |
| 层次 | 20 | | |
| 造型 | 30 | | |
| 比例 | 15 | | |
| 卫生 | 15 | | |
| 总分 | 100 | | |

## 七、作业与思考题

利用制作音符的基本手法，如何变化造型制作其他的简单糖艺盘饰？

# 实训二　高跟鞋

## 一、目标与要求

1. 掌握拉糖基本技法。
2. 掌握拉糖反复折叠制作丝带的方法。

## 二、实训准备

1. 原料：艾素糖、纯净水、色素等。
2. 工具：糖艺灯、剪刀、不粘垫、酒精灯、耐高温手套、火枪、模具等。

## 三、实训操作

1. 深红色糖块反复折叠发亮后，拉出高跟鞋底的形状。

2. 鞋后跟稍微高一些，再分别拉制细糖丝，制作高跟鞋的鞋绊带和鞋后跟。

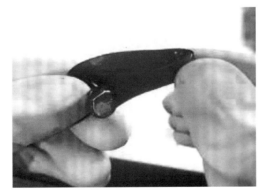

3. 取一小块糖反复折叠成 1cm 的宽度。

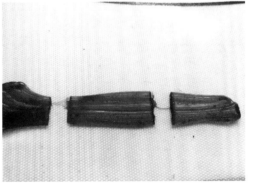

4. 截取两端留中间 1.5cm 长，在糖艺灯下微微加热，待能弯曲时，弯曲成鞋带状。

5. 用火枪微微加热，粘在鞋底上。　　　　6. 将两只糖艺高跟鞋放在盘子一角，摆放美观。

## 四、注意事项

1. 制作两个鞋底时尽量大小一致。
2. 鞋前面的丝带要薄而亮。

## 五、成品特点

糖艺高跟鞋搭配象形包包、点心时可以起到画龙点睛的作用，高跟鞋的大小要与整体相匹配。

## 六、学生课堂评价表

| 班别 | | 姓名 | |
|---|---|---|---|
| 评价项目 | 配分 | 自评分 | 教师评分 |
| 色彩搭配 | 20 | | |
| 层次 | 20 | | |
| 造型 | 30 | | |
| 比例 | 15 | | |
| 卫生 | 15 | | |
| 总分 | 100 | | |

## 七、作业与思考题

利用制作高跟鞋的糖艺技法，如何制作同类其他作品？

# 实训三　樱桃

## 一、目标与要求

1. 掌握拉糖技法制作樱桃的方法。
2. 掌握拉糖技法制作绿叶的方法。

## 二、实训准备

1. 原料：艾素糖、纯净水、色素等。
2. 工具：糖艺灯、剪刀、不粘垫、酒精灯、耐高温手套、火枪、模具等。

## 三、实训操作

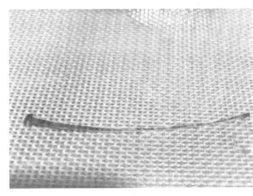

1. 取一块透明绿糖，拉出樱桃把。

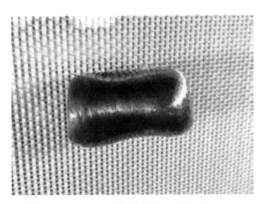

2. 另取一块绿色的糖块反复折叠至发亮。

3. 从糖体上部边缘处入手，用拇指和食指将糖体捏扁压薄。

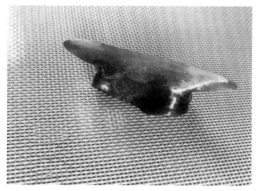

4. 从捏扁压薄糖体边缘的中心位置用双手轻轻拉开，使之变得更薄。

5. 从边缘处最薄的地方向外继续拉伸，扯出一片又薄又长的糖片（长勺状）。

6. 糖片底部因拉力形成细丝状，拉断。

7. 把长勺状糖片放在叶子硅胶模具中间。

8. 两瓣模具合并用力按压，压出纹路制作出糖艺绿叶。

9. 用大红色和咖啡色调出樱桃红糖块，糖块反复折叠至发亮。

10. 用剪刀剪出球状（樱桃大小）。

11. 用糖艺塑形尖刀戳出樱桃的上下凹陷。

12. 用剪刀压出樱桃身体中间的凹痕。

13. 将樱桃把轻轻粘在樱桃上。取一块棕色的糖作出枯枝形状，把两个樱桃粘在一起，再把叶子粘在上面。

## 四、注意事项

1. 制作糖艺樱桃的关键是调制颜色，可以用大红色糖块和咖啡色糖块慢慢调制。

2. 制作糖艺叶子用模具压纹路时应注意力度和模具的温度。模具使用之前可以在

糖艺灯下加热，模具过凉或力度过大容易使叶子裂碎。

## 五、成品特点

糖艺樱桃小巧精致，可用于各式食物搭配。

## 六、学生课堂评价表

| 班别 | | 姓名 | |
|------|------|------|------|
| 评价项目 | 配分 | 自评分 | 教师评分 |
| 色彩搭配 | 20 | | |
| 层次 | 20 | | |
| 造型 | 30 | | |
| 比例 | 15 | | |
| 卫生 | 15 | | |
| 总分 | 100 | | |

## 七、作业与思考题

糖艺调色的方法有哪些?

# 实训四　蘑菇

## 一、目标与要求

掌握拉糖技法制作蘑菇腿和蘑菇伞的方法。

## 二、实训准备

1.原料：艾素糖、纯净水、色素等。

2.工具：糖艺灯、剪刀、不粘垫、酒精灯、耐高温手套、火枪、模具等。

## 三、实训操作

1.用白色糖体拉出蘑菇的颈部。

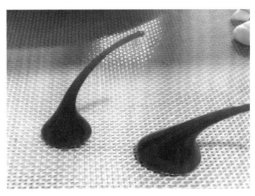

2.用红色糖体拉出蘑菇伞盖。

3.在蘑菇上粘上白色糖体，再用绿色糖体拉出小草拼在一起。

## 四、注意事项

1.大红色加褐色可以使颜色显得更厚重。

2.伞帽做成实心的显得更有立体感。

## 五、成品特点

作品形象卡通、魔幻。

## 六、学生课堂评价表

| 班别 | | 姓名 | |
|---|---|---|---|
| 评价项目 | 配分 | 自评分 | 教师评分 |
| 色彩搭配 | 20 | | |
| 层次 | 20 | | |
| 造型 | 30 | | |
| 比例 | 15 | | |
| 卫生 | 15 | | |
| 总分 | 100 | | |

## 七、作业与思考题

如何制作其他造型的蘑菇？

# 实训五　绿色丝带

## 一、目标与要求

掌握拉糖技法制作丝带的方法。

## 二、实训准备

1. 原料：艾素糖、纯净水、色素等。
2. 工具：糖艺灯、剪刀、不粘垫、酒精灯、耐高温手套、火枪、模具等。

## 三、实训操作

1. 取一块橙红色的糖块，制作出水滴花。

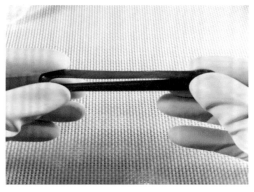

2. 取一糖块，利用拉糖技法反复折叠制作丝带。

3. 在折叠时形成 2 条并列宽的丝带。

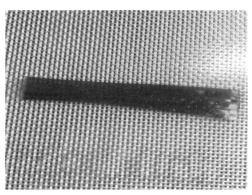

4. 宽度为 1cm ~ 1.5cm，长度为 8cm ~ 9cm，用美工刀加热切开。

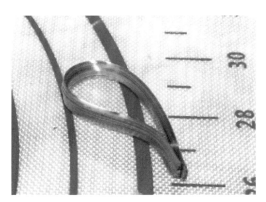

5. 在糖艺灯上微微加热，把两头合在一起，稍微按扁。

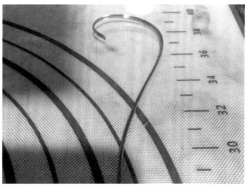

6. 按照以上步骤另外制作丝带条，拉成宽为 2mm ~ 3mm 的条，然后上下随意打圆，自然美观。

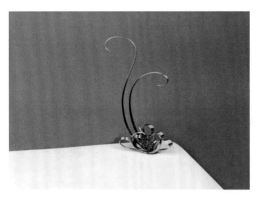

7.把小花、宽丝带和丝带条组装在一起，放在盘子的一角，比例要协调。

## 四、注意事项

丝带制作薄厚要一致。

## 五、成品特点

作品制作简单、美观大方。

## 六、学生课堂评价表

| 班别 | | 姓名 | |
|---|---|---|---|
| 评价项目 | 配分 | 自评分 | 教师评分 |
| 色彩搭配 | 20 | | |
| 层次 | 20 | | |
| 造型 | 30 | | |
| 比例 | 15 | | |
| 卫生 | 15 | | |
| 总分 | 100 | | |

## 七、作业与思考题

如何变换丝带的颜色和技法，制作其他造型的丝带？

# 实训六　彩带

## 一、目标与要求

掌握拉糖技法制作彩带的方法。

## 二、实训准备

1.原料：淡黄色糖体、粉红色糖体、透明糖体、姜丝等。
2.工具：糖艺灯、剪刀、不粘垫、酒精灯、耐高温手套、火枪、模具、美工刀等。

## 三、实训操作

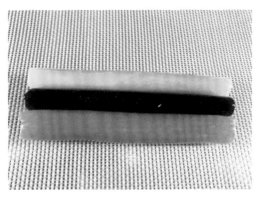

1.准备受热相同、软硬适当的不同颜色的糖体。

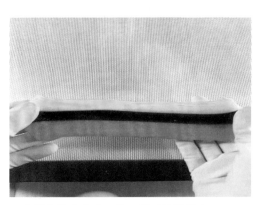

2.将糖条趁热合为一体，用手稍微压实。

3. 将糖条两端捏合在一起，整理平行。

4. 将彩带对折并排粘在一起，用手压实，捏住两端缓慢向两端拉开，注意用力均匀。

5. 双手托起糖体检查黏合情况，两侧细端为拉出点，逐渐呈现均匀的条状，重复以上步骤，直至彩带出现光泽。

6. 按需要的长度用加热过的美工刀将糖条从中间切断，将彩带段弯折成一定弧度。

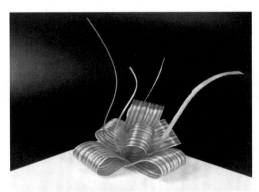

7. 将彩带段组合在一起。

8. 中间放一些丝绸点缀。

## 四、注意事项

1. 糖条大小应一致。

2.拉长糖条时力度应均匀。

## 五、成品特点

彩带靓丽，发出金属光泽。

## 六、学生课堂评价表

| 班别 | | 姓名 | |
|---|---|---|---|
| 评价项目 | 配分 | 自评分 | 教师评分 |
| 色彩搭配 | 20 | | |
| 层次 | 20 | | |
| 造型 | 30 | | |
| 比例 | 15 | | |
| 卫生 | 15 | | |
| 总分 | 100 | | |

## 七、作业与思考题

如何变换彩带的颜色和技法，制作不同的彩带？

# 实训七　竹子

## 一、目标与要求

1. 掌握拉糖技法制作竹节和叶子的方法。
2. 掌握竹子的黏接技法、鹅卵石和小花草的制作方法。

## 二、实训准备

1. 原料：艾素糖、纯净水、色素等。
2. 工具：糖艺灯、剪刀、不粘垫、酒精灯、耐高温手套、火枪、美工刀等。

## 三、实训操作

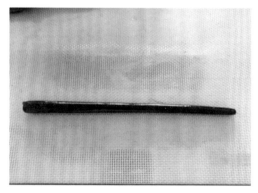

1. 调黑色糖：透明糖加热变软，用手指在糖块中间按一下，把黑色素挤在中间，趁软调匀糖块，尽量不要使色素粘在手套上。

2. 反复拉糖至糖发出金属光泽，拉出长糖条状竹节粗细和长短，用美工刀在酒精灯或火枪上加热至美工刀发红，按竹节长短切割糖条，每切一下都要加热美工刀。

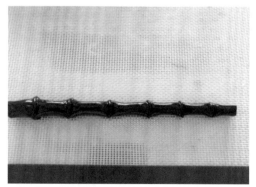

3. 拿出两节竹节糖，把接在一起的两端用酒精灯烧化表面，然后粘在一起，两头稍微挤压一下，挤出竹节的形状。

4. 用制作糖艺花瓣的手法制作出糖艺竹叶的形状；用黑色糖块拉出竹枝，按照竹叶的生长顺序把竹叶粘上。

5. 把白色糖和黑色糖按照 1：1 糅合成灰色糖块，再把灰色糖块、白色糖块、咖啡色糖块按照 1：1：1 糅合成鹅卵石形状。

6. 用绿色糖块按照花瓣手法制作出青草，用粉色透明糖块制作出五瓣花，最后将部件组合在一起。

## 四、注意事项

竹节下粗上细，在竹叶子和细糖艺枝条黏接时和用火枪加热时，一定要细致，不要烧化，保持形状。

## 五、成品特点

竹节形状刻画细致，鹅卵石和小花草呼应得当。

## 六、学生课堂评价表

| 班别 | | 姓名 | |
|---|---|---|---|
| 评价项目 | 配分 | 自评分 | 教师评分 |
| 色彩搭配 | 20 | | |
| 层次 | 20 | | |
| 造型 | 30 | | |
| 比例 | 15 | | |
| 卫生 | 15 | | |
| 总分 | 100 | | |

## 七、作业与思考题

如何利用吹糖技法制作出糖艺竹子？

# 实训八　简式天鹅

## 一、目标与要求

1. 掌握拉糖技法制作小天鹅身体和翅膀的方法。
2. 掌握小天鹅身体和翅膀的形状变化技巧。

## 二、实训准备

1. 原料：艾素糖、纯净水、色素等。
2. 工具：糖艺灯、剪刀、不粘垫、酒精灯、耐高温手套、火枪、模具等。

## 三、实训操作

1. 金色糖体的调制：取一块透明的糖块，在糖艺灯下加热软化，把中间按凹进去，按 1 ∶ 3 的比例滴入黄色和橙色色素，反复拉糖使糖块颜色均匀，把糖块反复折叠至发亮，用剪刀剪一圆球，按扁。

2. 取一糖块把糖块反复折叠至发亮，从一端拉出，开始制作天鹅的形状。

3. 将糖块慢慢拉长至天鹅颈部长度后剪断。

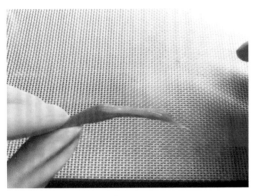

4. 用手捏出天鹅的头部。

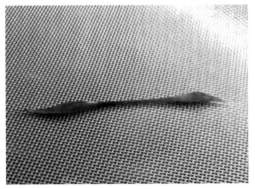

5. 将天鹅颈部的区域拉长。

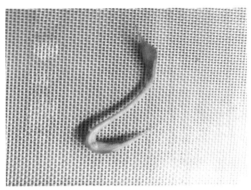

6. 将天鹅的颈部弯曲成 S 形。

7. 另取一块糖，反复折叠至发亮。

8. 从糖体边缘处入手，用拇指和食指将糖体捏扁压薄。

9. 从捏扁压薄糖体边缘的中心位置用双手轻轻拉，使之变得更薄；把糖竖起来，在上部用手向斜上方拉出 4 片 ~ 5 片羽毛糖片。

10. 下一片压上一片的一部分，然后翅膀整体微微弯曲，按同样方法制作出对称的翅膀。

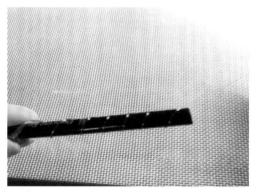

11. 糖艺弹簧：取一块糖拉出糖条，用大拇指把粗的一头按在塑料圆棒的中部，用右手拉住糖细条迅速向上旋转至圆棒上部，并越拉越细，直至分开。

12. 用灰白糖块制作出鹅卵石，用绿色糖块制作出小草，最后将所有部件进行组装。

## 四、注意事项

1. 象形小天鹅，身体形状可变化，中间细长。
2. 难点在于翅膀的制作。

## 五、成品特点

成品盘饰小巧精致，形状呈现多种变化。

## 六、学生课堂评价表

| 班别 | | 姓名 | |
|---|---|---|---|
| 评价项目 | 配分 | 自评分 | 教师评分 |
| 色彩搭配 | 20 | | |
| 层次 | 20 | | |
| 造型 | 30 | | |
| 比例 | 15 | | |
| 卫生 | 15 | | |
| 总分 | 100 | | |

## 七、作业与思考题

如何制作出不同形态的糖艺小天鹅?

# 实训九　长颈天鹅

## 一、目标与要求

掌握拉糖技法制作长颈天鹅身体及翅膀的方法。

## 二、实训准备

1. 原料:艾素糖、纯净水、色素等。
2. 工具:糖艺灯、剪刀、不粘垫、酒精灯、耐高温手套、火枪、模具等。

## 三、实训操作

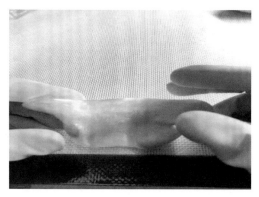

1. 取一块白色糖块，反复折叠至发亮，从糖体边缘处入手，用拇指和食指将糖体捏扁压薄。

2. 在捏扁压薄糖体边缘的中心位置用双手轻轻拉开 3cm ~ 5cm，使之变得更薄。

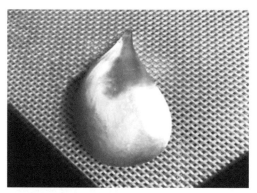

3. 从中间边缘处最薄的地方向外继续拉伸，扯出一片又薄又长的翅膀糖片。

4. 慢慢拉出翅膀的尾尖，尾尖的弧度靠一边翅膀。

5. 按同样的方法制作出对称的白色翅膀。

6. 再制作一对黑色翅膀，并且比白色翅膀大一圈。

7.取一块纯黑色糖块，先拉出天鹅的头部，再拉出颈部，颈部均匀细长，最后用剪刀剪出天鹅的身体，然后在不粘垫上整理出 S 形状，使天鹅身体美观。

8.取一块红色糖制作出天鹅的嘴巴。

9.组装：先把糖底座粘在盘子上，再把糖艺天鹅粘上，最后粘翅膀，把白色翅膀和黑色翅膀一起粘在上面，尖部微微分开，整体效果美观即可。

## 四、注意事项

1.天鹅的颈细而长，制作时要美观大方。

2.黑色翅膀要比白色翅膀大一些。

## 五．成品特点

1.作品简单大方、艺术感强。

2.简单快速、形象生动。

## 六、学生课堂评价表

| 班别 | | 姓名 | |
|---|---|---|---|
| 评价项目 | 配分 | 自评分 | 教师评分 |
| 色彩搭配 | 20 | | |
| 层次 | 20 | | |
| 造型 | 30 | | |
| 比例 | 15 | | |
| 卫生 | 15 | | |
| 总分 | 100 | | |

## 七、作业与思考题

如何制作不同颜色和形态的糖艺天鹅？

# 实训十 蜗牛

## 一、目标与要求

1. 掌握拉糖技法制作蜗牛的方法。
2. 掌握糖艺调色的方法。

## 二、实训准备

1. 原料：艾素糖、纯净水、色素等。
2. 工具：糖艺灯、剪刀、不粘垫、酒精灯、耐高温手套、火枪、模具等。

### 三、实训操作

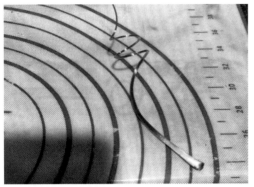

1. 用绿色糖块拉出糖丝，在需要旋转的地方用塑料棒旋转并拉成细丝状。

2. 取一块绿色加黄色的糖块，反复折叠至发亮。

3. 从糖体边缘处入手，用拇指和食指将糖体捏扁压薄。

4. 从捏扁压薄糖体边缘的中心位置用双手轻轻拉开，使之变得更薄。

5. 从中间边缘处最薄的地方向外继续拉伸，拉出叶子轮廓。

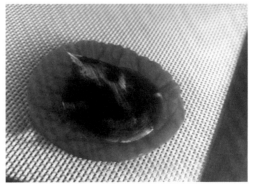

6. 趁软放在叶子模具中间，适度按压。

7. 压出叶子纹路，叶子即完成。

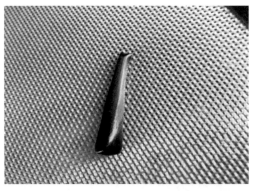

8. 根据蜗牛外壳的大小，取一块枣红色的糖。

9. 先拉出直的长锥形，再在灯下烤一下，由细到粗卷起来拉出蜗牛实心外壳。

10. 取一块肉色的糖块，反复折叠至发亮后，捏扁，用剪刀剪出蜗牛的身体。

11. 身体的腹部用手按压即可，头部拉出触角，安装上眼睛。

12. 用透明的糖块制作五瓣花，捏随意形状制作绿色底座，最后按照图片进行组装。

## 四、注意事项

注意整体造型的搭配。

## 五、成品特点

卡通蜗牛造型可爱。

## 六、学生课堂评价表

| 班别 | | 姓名 | |
|---|---|---|---|
| 评价项目 | 配分 | 自评分 | 教师评分 |
| 色彩搭配 | 20 | | |
| 层次 | 20 | | |
| 造型 | 30 | | |
| 比例 | 15 | | |
| 卫生 | 15 | | |
| 总分 | 100 | | |

## 七、作业与思考题

如何进行绿叶的颜色调制及蜗牛的成型?

# 实训十一　热带鱼

## 一、目标与要求

1. 掌握拉糖技法制作热带鱼的方法。
2. 掌握热带鱼鱼身纹路的制作。

## 二、实训准备

1. 原料：艾素糖、纯净水、色素等。

2.工具：糖艺灯、剪刀、不粘垫、酒精灯、耐高温手套、火枪、模具等。

## 三、实训操作

1.用透明糖块和鱼尾硅胶模具，采用拉糖花瓣技法制作鱼尾。

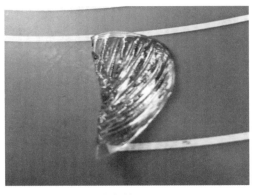

2.用相同的方法制作鱼鳍。

3.取3块不同颜色的糖，组成鱼身体的形状，鱼腹的糖为白色，其余2块颜色较深的糖放在白色的糖上面。

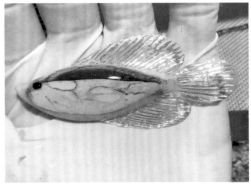

4.拉一些极细的红色糖丝放在蓝色糖的上面，用火枪稍微加热一下鱼身体表面，由于糖细丝会熔化，形成融合的效果，最后粘上鱼尾和仿真眼。

5.用浅蓝色的糖液直接在不粘垫上倒出圆形底座和2个支架及装饰细丝，最后组装即可。

## 四、注意事项

1. 鱼腹部不同颜色纹路制作。

2. 火枪加热要注意火候，不要加热过度。

## 五、成品特点

作品逼真，热带鱼形象生动。

## 六、学生课堂评价表

| 班别 | | 姓名 | |
|---|---|---|---|
| 评价项目 | 配分 | 自评分 | 教师评分 |
| 色彩搭配 | 20 | | |
| 层次 | 20 | | |
| 造型 | 30 | | |
| 比例 | 15 | | |
| 卫生 | 15 | | |
| 总分 | 100 | | |

## 七、作业与思考题

如何制作不同品种的糖艺热带鱼？

# 实训十二　透明虾

## 一、目标与要求

掌握拉糖技法制作草虾的方法。

## 二、实训准备

1. 原料：艾素糖、纯净水、色素等。
2. 工具：糖艺灯、剪刀、不粘垫、酒精灯、耐高温手套、火枪、模具等。

## 三、实训操作

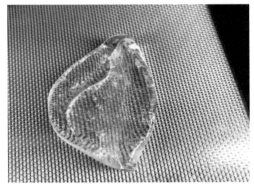

1. 取一块透明糖块，拉出糖条浪花。

2. 上细下粗，上部卷1圈~2圈。

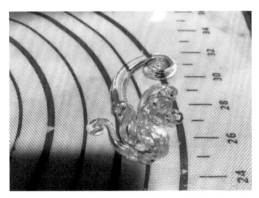

3. 做6个~8个大小不等的浪花并粘在一起。

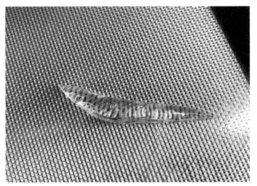

4. 取一块透明糖，用于制作草虾身体。

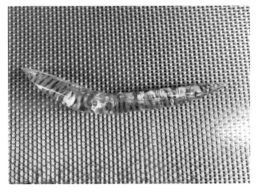

5. 用剪刀剪出透明草虾的身体，两头尖，尾部微微弯曲，用剪刀压出草虾背部纹路。

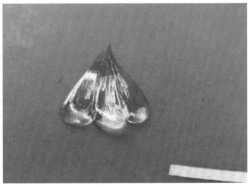

6. 用拉糖制作花瓣的方法制作草虾尾巴。

7. 用拉糖花瓣手法制作草虾背部外壳,用透明糖块拉出草虾的眼睛。

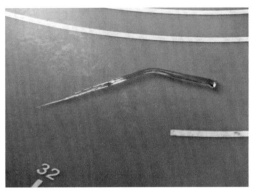

8. 制作大小步足和触角等并组装在虾身上。

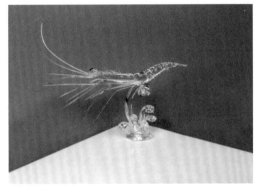

9. 组装:透明糖块按扁作为底座,把底座粘在盘子一角,把浪花粘在底座上,晾凉固定后把草虾身体粘在顶部即可。

## 四、注意事项

1. 草虾的步足很多,制作时一定要细致,体现美观。

2. 黏接时注意火枪不要加热过度。

## 五、成品特点

造型简单、象形美观、晶莹剔透。

中餐盘饰实训

## 六、学生课堂评价表

| 班别 | | 姓名 | |
|---|---|---|---|
| 评价项目 | 配分 | 自评分 | 教师评分 |
| 色彩搭配 | 20 | | |
| 层次 | 20 | | |
| 造型 | 30 | | |
| 比例 | 15 | | |
| 卫生 | 15 | | |
| 总分 | 100 | | |

## 七、作业与思考题

根据草虾的形状试制不同形状的虾。

# 实训十三  马蹄莲

## 一、目标与要求

1. 掌握拉糖技法制作马蹄莲花瓣和叶子的方法。

2. 掌握鹅卵石制作的技法。

154

## 二、实训准备

1. 原料：艾素糖、纯净水、色素等。

2. 工具：糖艺灯、剪刀、不粘垫、酒精灯、耐高温手套、火枪、模具、美工刀等。

## 三、实训操作

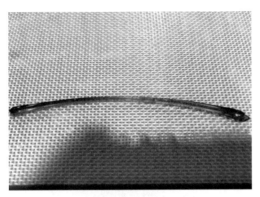

1. 用绿色糖块拉出马蹄莲枝条。

2. 用制作糖艺花瓣的方法拉出叶子形状，厚度在2mm左右，用模具压出纹路。

3. 用火枪把叶子和枝条黏接在一起。

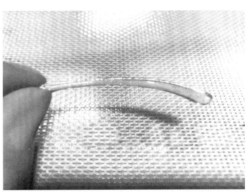

4. 用透明黄糖块拉出长条制作花心。

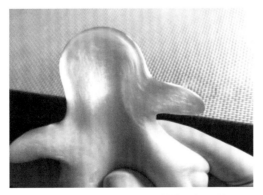

5. 用制作花瓣的方法拉出马蹄莲花瓣的形状。

6. 留出花尖，花尖要均匀。

7. 花边底部卷起，花尖微微外翻。

8. 粘上花心。

9. 用白色糖和黑色糖按照 1：1 的比例糅合成灰色糖块。

10. 再把灰色糖块和白色糖块按照 1：1 的比例糅合成鹅卵石形状。

11. 组装：准备一个底座，把马蹄莲花组装在一起，粘在盘子上即可。

## 四、注意事项

1. 马蹄莲花花尖均匀细致。

2. 黏接整体造型高低错落有致。

## 五、成品特点

作品简单大方，可以搭配不同类型的菜肴。

## 六、学生课堂评价表

| 班别 | | 姓名 | |
|---|---|---|---|
| 评价项目 | 配分 | 自评分 | 教师评分 |
| 色彩搭配 | 20 | | |
| 层次 | 20 | | |
| 造型 | 30 | | |
| 比例 | 15 | | |
| 卫生 | 15 | | |
| 总分 | 100 | | |

## 七、作业与思考题

改变颜色和造型，练习制作其他类型的马蹄莲。

# 实训十四　荷花

## 一、目标与要求

掌握拉糖技法制作荷花花瓣和荷叶的方法。

## 二、实训准备

1.原料：艾素糖、纯净水、色素等。

2.工具：糖艺灯、剪刀、不粘垫、酒精灯、耐高温手套、火枪、模具等。

## 三、实训操作

1.取一块透明糖块反复拉糖折叠至亮白。

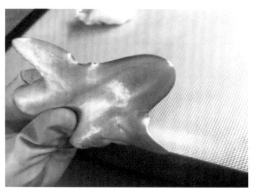

2.从糖体边缘处入手，用拇指和食指将糖体捏扁压薄。

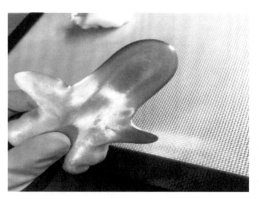

3.从捏扁压薄糖体边缘的中心位置用双手轻轻拉开，使之变得更薄。

4.从边缘处最薄的地方向外继续拉伸，扯出一片又薄又长的糖片荷花花瓣。

5.花尖微尖，糖片底部因拉力形成细丝状，用手掐断。

6.用气泵、喷笔给荷花花尖上粉色。

7. 注意上色的浓度，要有渐变感。

8. 用绿色透明糖块制作荷花花心，用糖艺球形塑形刀压出莲蓬凹痕。

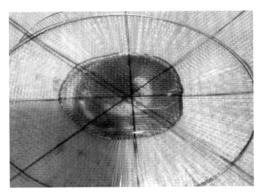

9. 取一块绿色透明糖块，压扁成近似圆形。

10. 用火枪稍微加热，用荷叶模具压出纹路。

11. 将荷叶边缘稍微翻起，更加生动。

12. 组装。

## 四、注意事项

荷花花瓣上色时，颜色一定要调配好，上色时注意色彩的过渡。

## 五、成品特点

糖艺荷花象形逼真，色彩对比鲜明。

## 六、学生课堂评价表

| 班别 | | 姓名 | |
|---|---|---|---|
| 评价项目 | 配分 | 自评分 | 教师评分 |
| 色彩搭配 | 20 | | |
| 层次 | 20 | | |
| 造型 | 30 | | |
| 比例 | 15 | | |
| 卫生 | 15 | | |
| 总分 | 100 | | |

## 七、作业与思考题

如何进行荷花造型的搭配及花瓣的立体角度选择?

# 实训十五　青玫瑰

## 一、目标与要求

1. 掌握拉糖技法制作玫瑰花瓣和叶子的方法。
2. 掌握花瓣的黏接技法。

## 二、实训准备

1. 原料:艾素糖、纯净水、色素等。
2. 工具:糖艺灯、剪刀、不粘垫、酒精灯、耐高温手套、火枪、模具等。

## 三、实训操作

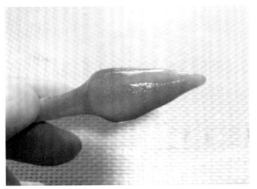

1. 取一块绿色糖块，拉捏出玫瑰花的花心。

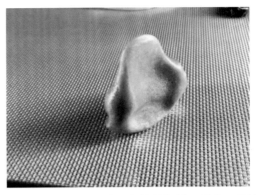

2. 另取一块绿色糖块反复拉糖折叠至发亮，从糖体边缘处入手，用拇指和食指将糖体捏扁压薄。

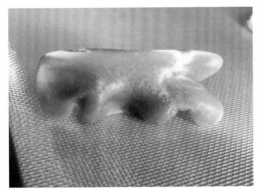

3. 从捏扁压薄糖体上边缘的中心位置用双手轻轻拉开，使之变得更薄。

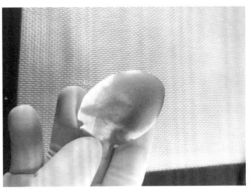

4. 从边缘处最薄的中心地方向外继续拉伸，扯出一片又薄又长的糖片玫瑰花花瓣，花瓣前面呈半圆形，糖片底部因拉力形成细丝状，用手掐断。

5. 第1瓣花瓣细长、花边内敛，迅速贴在花心上，把整个花心完全包住。

6. 按照第1片花瓣制作方法依次制作第1层的第1片、第2片、第3片花瓣，3片花瓣呈三角形粘贴在花心上，为第1层花瓣。

7. 第 2 层花瓣按照第 1 层花瓣的方法制作。

8. 不同之处在于花瓣微微大一些，花尖可以微微外翻。

9. 第 3 层花瓣外翻程度逐渐加大，每层都为 3 片花瓣，一共做 6 层～7 层。

10. 制作五瓣水滴花和叶子。

11. 组装。

## 四、注意事项

1. 玫瑰花是糖艺花卉中技术性很强的作品，要多加练习，掌握糖艺玫瑰花的制作要点。

2.玫瑰花为渐变花，每制作下一层时，都要往旧糖里加白色的糖以使糖块的颜色逐渐变浅。

3.随着花瓣层次的增多，花瓣逐渐变大并外翻。

## 五、成品特点

糖艺玫瑰花象形逼真、颜色渐变。

## 六、学生课堂评价表

| 班别 | | 姓名 | |
|---|---|---|---|
| 评价项目 | 配分 | 自评分 | 教师评分 |
| 色彩搭配 | 20 | | |
| 层次 | 20 | | |
| 造型 | 30 | | |
| 比例 | 15 | | |
| 卫生 | 15 | | |
| 总分 | 100 | | |

## 七、作业与思考题

如何制作不同颜色的玫瑰花？

# 实训十六　百合花

## 一、目标与要求

掌握拉糖技法制作百合花花瓣的方法。

## 二、实训准备

1. 原料：艾素糖、纯净水、色素等。
2. 工具：糖艺灯、剪刀、不粘垫、酒精灯、耐高温手套、火枪、模具等。

## 三、实训操作

1. 百合花花瓣：取一块白色糖块反复拉糖折叠至发亮。

2. 从糖体边缘处入手，用拇指和食指将糖体捏扁压薄，从捏扁压薄糖体上边缘的中心位置用双手轻轻拉开，使之变得更薄。

3. 从边缘处最薄的中心地方向外继续拉扯出一片又薄又长的糖片百合花花瓣。

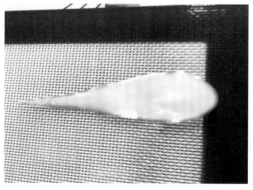

4. 糖片底部因拉力形成细丝状，慢慢伸，拉断。

5. 用剪刀在花瓣中间竖着压一下。

6. 压出印痕，花瓣前段左右各用手指甲压一些印痕代表花瓣边缘的皱褶。

7. 用橙色糖块制作百合花花心的花柱。

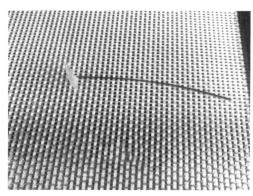

8. 用糖丝做出 7 个 ~ 8 个花蕊。

9. 将做好的配件进行组装。

10. 成品欣赏。

## 四、注意事项

1. 百合花花瓣细长且亮度高，制作时应注意细节。

2. 制作百合花花瓣皱褶时不要把花瓣弄碎。

## 五、成品特点

银白的百合花适合搭配各种菜肴。

## 六、学生课堂评价表

| 班别 | | 姓名 | |
|---|---|---|---|
| 评价项目 | 配分 | 自评分 | 教师评分 |
| 色彩搭配 | 20 | | |
| 层次 | 20 | | |
| 造型 | 30 | | |
| 比例 | 15 | | |
| 卫生 | 15 | | |
| 总分 | 100 | | |

## 七、作业与思考题

举一反三，如何制作其他颜色的糖艺百合花？

# 实训十七　糖艺小花

## 一、目标与要求

掌握拉糖技法制作变色花边花瓣的方法。

## 二、实训准备

1.原料：艾素糖、纯净水、色素等。

2. 工具：糖艺灯、剪刀、不粘垫、酒精灯、耐高温手套、火枪、模具等。

## 三、实训操作

1. 取一块绿色透明糖块，拉出 8 片 ~ 12 片糖片。

2. 再用绿色透明糖制作 2 条 ~ 3 条叶茎。

3. 取一块白色糖块反复折叠至发亮，从糖体边缘处入手，用拇指和食指将糖体捏扁压薄。再取一块大红色糖块，拉出一糖丝条放在压扁的糖片顶部。

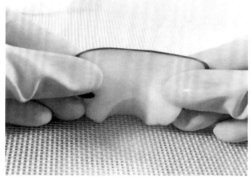

4. 从捏扁压薄糖体上边缘的中心位置用双手轻轻拉开，使之变得更薄。

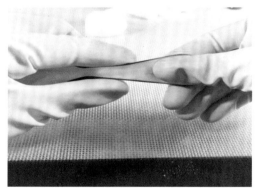

5. 从边缘处最薄的中心位置向外继续拉伸，扯出一片又薄又长的糖片花瓣。

6. 糖艺花瓣向内弯曲。

7. 把边缘微微皱褶，把花瓣组装在一起。　8. 用红色糖拉几个花心粘在中间。

9. 组装。

## 四、注意事项

变色花边花瓣 2 种颜色的糖重叠在一起时要求硬度一致。

## 五、成品特点

变色花边花瓣的小花技法新颖，色彩别具一格。

## 六、学生课堂评价表

| 班别 | | 姓名 | |
|---|---|---|---|
| 评价项目 | 配分 | 自评分 | 教师评分 |
| 色彩搭配 | 20 | | |
| 层次 | 20 | | |
| 造型 | 30 | | |
| 比例 | 15 | | |
| 卫生 | 15 | | |
| 总分 | 100 | | |

## 七、作业与思考题

如何制作不同花边的糖艺小花?

# 实训十八  苹果

## 一、目标与要求

1. 掌握糖艺基本技法吹糖的基本方法。
2. 掌握糖艺苹果的基本制作方法。

## 二、实训准备

1. 原料:艾素糖、纯净水、色素等。
2. 工具:糖艺灯、剪刀、不粘垫、酒精灯、耐高温手套、火枪、气囊、模具等。

## 三、实训操作

1. 取一块红色糖块，反复折叠至发亮。

2. 中间用手指戳一个洞，使四周薄厚一致但是底部要略厚一点。

3. 稍微收口后把用火枪加热过的气囊铜管放进深洞 2/3 处，收口捏紧。

4. 用糖艺气囊一边吹气一边整理形状，先吹制成灯泡状。

5. 然后在顶部按出凹陷作为苹果的上部凹陷下部慢慢收小，作为苹果的底部。

6. 吹制完成后把气囊用加热过的剪刀剪断并把切口整理好。

7. 苹果主体部分展示。

8. 用棕色的糖块反复拉糖得到上粗下细的苹果把，并微微弯曲。

9. 用剪刀把青色水滴糖块剪成水滴形状，趁软时用剪刀在中间按出中心凹线，把青色水滴瓣有序粘在糖艺枝条上。

10. 组装：把苹果主体粘在盘子上，把苹果把粘在苹果上晾凉，再把青色水滴瓣点缀粘在苹果把上。

## 四、注意事项

在吹制苹果时要注意比例协调。

## 五、成品特点

象形逼真、色泽醇厚。

## 六、学生课堂评价表

| 班别 | | 姓名 | |
|---|---|---|---|
| 评价项目 | 配分 | 自评分 | 教师评分 |
| 色彩搭配 | 20 | | |
| 层次 | 20 | | |
| 造型 | 30 | | |
| 比例 | 15 | | |
| 卫生 | 15 | | |
| 总分 | 100 | | |

## 七、作业与思考题

练习制作糖艺青苹果，尝试制作不同的装饰物。

# 实训十九　蟠桃

## 一、目标与要求

1.掌握糖艺基本技法吹糖的基本技巧。

2.掌握糖艺蟠桃的基本制作方法。

## 二、实训准备

1.原料：艾素糖、纯净水、色素等。

2.工具：糖艺灯、剪刀、不粘垫、酒精灯、耐高温手套、火枪、模具等。

### 三、实训操作

1. 取一块白色糖块，反复折叠至发亮，用剪刀剪一个乒乓球大小的糖球，球形再稍微整理一下，光面朝下，用手指在上面中间按个凹洞。

2. 整理四周糖壁使其薄厚均匀，底部稍微厚一点，把糖艺气囊铜管放在凹洞深 2/3 处，收口收紧。

3. 吹制糖艺蟠桃，边吹制边整形，先把糖体吹制成橄榄球状，中间逐渐变粗，随后铜管部位逐渐上提制作蟠桃上部凹陷，用剪刀从蟠桃的尾部到凹陷上部按压凹陷。

4. 一边吹气一边用剪刀按压凹痕整理蟠桃形状，整理好后，用风扇吹凉定形，最后用喷枪微微上色。

5. 取绿色糖块运用拉糖手法和叶子纹路硅胶模具制作 4 片桃叶。

6. 组装：先把蟠桃粘在盘子上，再粘桃叶子。

## 四、注意事项

1. 在吹制蟠桃时比例要协调。
2. 上色时要上淡淡的粉色以起到画龙点睛的作用。

## 五、成品特点

造型美观，适合搭配各种祝寿菜肴。

## 六、学生课堂评价表

| 班别 | | 姓名 | |
|---|---|---|---|
| 评价项目 | 配分 | 自评分 | 教师评分 |
| 色彩搭配 | 20 | | |
| 层次 | 20 | | |
| 造型 | 30 | | |
| 比例 | 15 | | |
| 卫生 | 15 | | |
| 总分 | 100 | | |

## 七、作业与思考题

如何为蟠桃上色？

# 实训二十　彩椒

## 一、目标与要求

掌握吹糖技法制作彩椒的方法。

## 二、实训准备

1.原料：艾素糖、纯净水、色素等。

2.工具：糖艺灯、剪刀、不粘垫、酒精灯、耐高温手套、火枪、模具等。

## 三、实训操作

1. 取一块黄色糖块，反复折叠至发亮。

2. 将拉好的黄色糖体压出一个深坑，糖壁薄厚均匀。

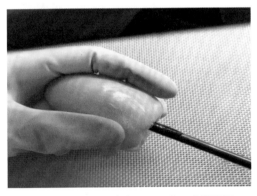

3. 烤热铜管并插入糖体内 2/3 深处，收紧黏接口。

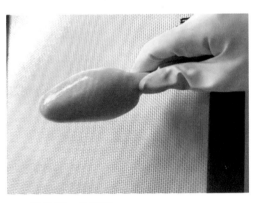

4. 一边吹制一边整形。

5. 在球体顶部轻压后缓缓拉出，进行初步造型。

6. 用剪刀在每个面中间压出一条折痕，反复整形和压痕以达到形状完美。

7. 按照彩椒的造型上粗下细的特点制作，鼓入少量气体后再次调整和鼓气，慢慢整理成四面体。

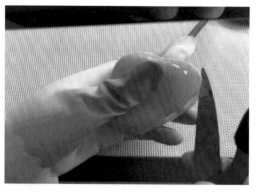

8. 在上部4条棱中间再压4个小一点的折痕，再次鼓气，整理形状，反复几次之后糖体开始定形。

9. 用火枪或酒精灯加热铜管接触部位，将糖体与铜管脱离。

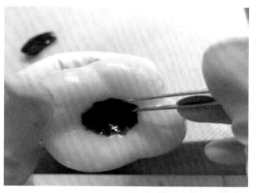

10. 取一块深绿色的糖块，制成1cm～1.5cm的圆片，加热圆片和彩椒黏接处，用镊子按压结实并整理出褶皱和接缝，使其逼真。

11. 用灰绿色糖块反复折叠拉出彩椒蒂，粘在彩椒上，并用镊子整理黏接处接缝。

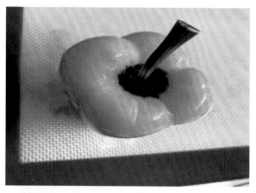

12. 把彩椒粘在盘子一角，搭配鹅卵石和小草。

13. 成品欣赏。

## 四、注意事项

1. 为了使彩椒的效果逼真，糖块的使用量是一般糖艺水果的 3 倍，以使在造型时有充分的时间。

2. 彩椒蒂的接缝要用镊子制作出皱褶。

## 五、成品特点

糖艺彩椒效果逼真，适合搭配各种时蔬菜肴。

## 六、学生课堂评价表

| 班别 | | 姓名 | |
|---|---|---|---|
| 评价项目 | 配分 | 自评分 | 教师评分 |
| 色彩搭配 | 20 | | |
| 层次 | 20 | | |
| 造型 | 30 | | |
| 比例 | 15 | | |
| 卫生 | 15 | | |
| 总分 | 100 | | |

## 七、作业与思考题

练习制作各种颜色的彩椒。

# 实训二十一　金鱼

## 一、目标与要求

掌握吹糖技法制作金鱼的方法。

## 二、实训准备

1. 原料：艾素糖、纯净水、色素等。
2. 工具：糖艺灯、剪刀、不粘垫、酒精灯、耐高温手套、火枪、模具等。

## 三、实训操作

1. 取以白色糖体反复折叠至发亮，剪一球状。

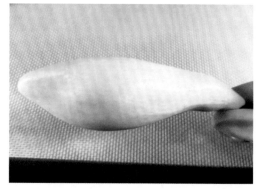

2. 用手指捅一深洞，糖壁四周薄厚均匀，底部比四周厚一点，把加热的气囊铜管插进 2/3 处，捏紧，一边鼓气一边整形。

3.按照金鱼的身体整形，并把铜管往后拉出金鱼的身体，身体制作好后晾凉定形，加热糖附近的铜管，把铜管拔出。

4.用塑形刀制作出金鱼的嘴巴、鳃，在鱼的头部插入仿真眼。

5.把一小块透明红色糖球放在金鱼头部，在糖球软的情况下，用铜管圆孔按压出红头帽。

6.用透明糖块制作出金鱼的胸鳍。

7.用透明糖块制作尾鳍。

8.用透明糖块制作腹尾鳍。

9.搭配荷花装饰，把金鱼粘在上面，最后把整个盘饰粘在盘子上。

## 四、注意事项

1.由于金鱼没有上色以体现透明感，所以拉糖的时间不要过长，否则糖体会发白，效果不佳。

2.整体造型比例协调、造型美观，尾巴飘洒自然。

## 五、成品特点

1.透明的金鱼更能体现技术的高超。

2.适合搭配各种海鲜类菜肴。

## 六、学生课堂评价表

| 班别 | | 姓名 | |
|------|------|------|------|
| 评价项目 | 配分 | 自评分 | 教师评分 |
| 色彩搭配 | 20 | | |
| 层次 | 20 | | |
| 造型 | 30 | | |
| 比例 | 15 | | |
| 卫生 | 15 | | |
| 总分 | 100 | | |

## 七、作业与思考题

练习制作各种造型和颜色的金鱼。

# 实训二十二　海豚

## 一、目标与要求

1. 掌握吹糖技法和双色吹糖技法。
2. 掌握拉糖技法制作海豚鱼鳍的方法。
3. 掌握浪花的制作方法及整体组合方法。

## 二、实训准备

1. 原料：艾素糖、纯净水、色素等。
2. 工具：糖艺灯、剪刀、不粘垫、酒精灯、耐高温手套、火枪、模具、美工刀等。

## 三、实训操作

1. 海豚身体的制作：取 2 块糖（蓝色和白色），都做成长方体，白色糖块是蓝色糖块的 1/2。

2. 白色糖块和蓝色糖块沿一边结合在一起，方片四周兜起制成中空圆球状，待吹制。

3. 把气囊铜管放入圆球深 2/3 处，吹制海豚形状，白色为海豚腹部，约占 1/3。

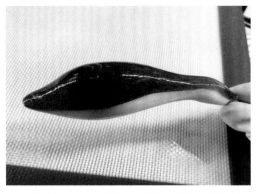

4. 一边吹制一边挤出海豚嘴部，用球形塑形刀轧出海豚眼窝，待海豚身体定形晾凉后装上仿真眼。

5. 海豚豚鳍及尾巴的制作：用拉糖的方法制作海豚的豚鳍和尾巴。

6. 将豚鳍和尾巴粘上。

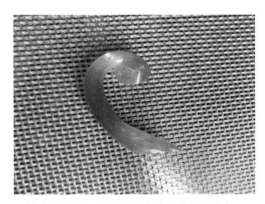

7. 浪花的制作：用拉糖技法拉出淡蓝色糖条，使细的一头卷曲，3 个 ~ 5 个为一组，一共 4 组 ~ 5 组，组合在一起制作浪花。

8. 浪花顶部加热粘上艾素糖糖粒即可，将所有配件进行组装。

## 四、注意事项

1.海豚腹部是白色的，背部是蓝色的，在双色糖结合时注意比例，一般白色占 1/3 左右。

2.深色的海豚搭配浅蓝色的海浪。

## 五、成品特点

卡通造型的糖艺海豚适合搭配中高档菜肴。

## 六、学生课堂评价表

| 班别 | | 姓名 | |
|---|---|---|---|
| 评价项目 | 配分 | 自评分 | 教师评分 |
| 色彩搭配 | 20 | | |
| 层次 | 20 | | |
| 造型 | 30 | | |
| 比例 | 15 | | |
| 卫生 | 15 | | |
| 总分 | 100 | | |

## 七、作业与思考题

举一反三，练习制作各种形态的海豚。

# 项目五  果酱画盘饰

　　果酱画盘饰是利用果酱在盘子上画出美化菜肴图案的一种装饰技巧。果酱画可以是简单的线条花纹、写意的花鸟鱼虫、略带工笔风格的写实花鸟，也可以是油画风格的山水风景。果酱画一般根据菜肴的颜色和形状选择构图。构图可繁可简、灵活多变。果酱画盘饰装饰效果好、档次高、有意境、艺术感强，适应现代餐饮业的发展。目前，果酱画盘饰是成本比较低廉、高效速成和简单易学的菜肴盘饰，深受广大餐饮从业者的喜爱。

## 一、原料

　　果酱也叫果膏、镜面光亮膏，是蛋糕裱花用的一种原料，也是果酱画最常用的原料。果酱细腻、黏度适宜、光亮度好、使用方便。有红、黄、蓝、绿等各种颜色，也有无色的（可自行加色素调色）。

## 二、工具

　　在盘上画画与在纸上画画不同，由于果酱画的主要原料是黏性较大的果酱、巧克力酱等，所以要用特殊的工具来操作，以下是常用的果酱画工具。

果酱瓶和画嘴

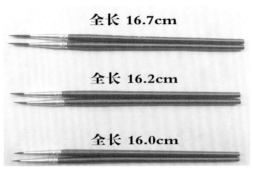

全长 16.7cm

全长 16.2cm

全长 16.0cm

勾线笔

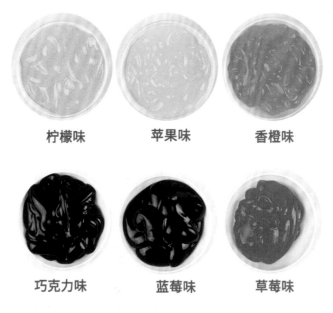

柠檬味　　　　　苹果味　　　　　香橙味

巧克力味　　　　蓝莓味　　　　　草莓味

各类果酱

## 三、制作要求

1. 实际操作过程中一定要注意卫生，防止交叉污染。

2. 根据菜肴的特点、色泽、碟子大小、比例等因素合理设计果酱画盘饰。

3. 学会妥善保管果酱和果酱画作品，防油、防水、防虫咬等。

## 四、特点

1. 果酱画盘饰色彩艳丽、生动形象。

2. 易学高效、容易推广。

3. 成本低廉、容易保存。

4. 适应面广，除汤（汁）菜类均可适用。

# 实训一　竹子

## 一、目标与要求

1. 掌握果酱线条的手法。

2. 掌握刮竹子、画竹叶的技巧。

3. 通过学习，掌握果酱竹盘饰的各种画法。

## 二、实训准备

1.原料：绿色果酱、黑色果酱。

2.工具：碟子、刻刀、画笔、毛巾。

## 三、实训操作

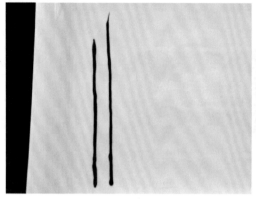

1.用绿色果酱画出 2 条线。

2.用小刀刮出竹子，刮一段左右划一下。

3.用绿色果酱画出竹枝。

4.用画笔蘸绿色果酱，画出竹叶。

5.题字。

6.成品欣赏。

### 四、注意事项

1. 注意画出竹子的竹节。
2. 注意甩出竹叶的技巧。
3. 注意操作过程中的卫生。

### 五、成品特点

竹子形态逼真、竹叶分布合理，展现出竹子的盎然生机。

### 六、学生课堂评价表

| 班别 | | 姓名 | |
|---|---|---|---|
| 评价项目 | 配分 | 自评分 | 教师评分 |
| 色彩搭配 | 20 | | |
| 意境 | 20 | | |
| 形态 | 30 | | |
| 比例 | 15 | | |
| 卫生 | 15 | | |
| 总分 | 100 | | |

### 七、作业与思考题

竹叶如何布局才美观？

# 实训二　月季花

## 一、目标与要求

1. 掌握果酱线条的手法。
2. 掌握手抹花瓣的技巧。
3. 通过学习，掌握果酱月季花盘饰的各种画法。

## 二、实训准备

1. 原料：深红色果酱、芒果黄果酱、中黑色果酱、墨绿色果酱。
2. 工具：碟子、毛巾。

## 三、实训操作

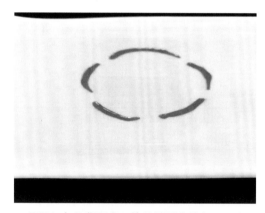

1. 用深红色果酱画出五等份的弧度线条。

2. 用食指上下拖动推出花瓣。

3. 依次抹出其他花瓣，注意形状。

4. 在两花瓣之间画出 2 条弧度。

5. 用食指抹出内圈花瓣。

6. 画出下方花瓣弧度。

7. 抹出下面的花瓣，中心部位用芒果黄果酱打底，用中黑色果酱画出花蕊。

8. 用墨绿色果酱画出线条，用拇指抹出叶子。

9. 用同样的方法画出其他的叶子。

10. 用中黑色果酱画出叶脉。

11. 用中黑色果酱画出树枝，用深红色果酱点花蕾。 12. 用食指抹出未开的花蕾。

13. 成品欣赏。

## 四、注意事项

1. 注意推出花瓣形态的技巧。

2. 把握叶子抹出的形态。

3. 注意叶脉上宽下窄。

4. 注意操作过程中的卫生。

## 五、成品特点

叶子花朵搭配协调，花瓣有层次感，呈现出花朵的美。

## 六、学生课堂评价表

| 班别 | | 姓名 | |
|---|---|---|---|
| 评价项目 | 配分 | 自评分 | 教师评分 |
| 色彩搭配 | 20 | | |
| 意境 | 20 | | |
| 形态 | 30 | | |
| 比例 | 15 | | |
| 卫生 | 15 | | |
| 总分 | 100 | | |

## 七、作业与思考题

如何把握不同叶子的形态?

# 实训三　梅

## 一、目标与要求

1. 掌握果酱线条的手法。
2. 掌握梅花的画法。
3. 通过学习,掌握果酱梅花盘饰的各种画法。

## 二、实训准备

1. 原料：中黑色果酱、红色果酱、粉红色果酱、芒果黄果酱、蓝色果酱。
2. 工具：碟子、毛巾。

## 三、实训操作

1. 用中黑色果酱画出主干。

2. 用棉签点出沧桑感。

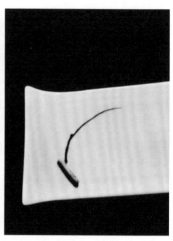
3. 用中黑色果酱画出枝干。

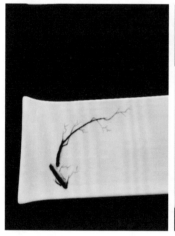
4. 画出树枝。

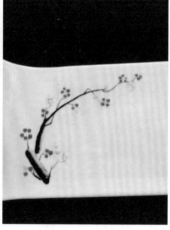
5. 用红色和粉红色果酱点出圆点。

6. 用画笔点涂画出花瓣。

7. 依次画出其他花瓣。

8. 用芒果黄果酱点出花心。

9. 用中黑色果酱画出花蕊。

10. 用蓝色果酱和中黑色果酱画出鸟，成品题字。

## 四、注意事项

1. 注意花瓣的分布。

2. 注意画笔点涂花瓣的方法。

3. 注意操作过程中的卫生。

## 五、成品特点

虚实结合，梅花布局合理。

## 六、学生课堂评价表

| 班别 | | 姓名 | |
|---|---|---|---|
| 评价项目 | 配分 | 自评分 | 教师评分 |
| 色彩搭配 | 20 | | |
| 层次 | 20 | | |
| 造型 | 30 | | |
| 比例 | 15 | | |
| 卫生 | 15 | | |
| 总分 | 100 | | |

## 七、作业与思考题

如何用手抹的方法画出梅花?

# 实训四　喇叭花

## 一、目标与要求

1. 掌握果酱线条的手法。
2. 掌握手抹花瓣、叶子的技巧。

## 二、实训准备

1. 原料：中黑色果酱、墨绿色果酱、紫色果酱、黄色果酱。
2. 工具：碟子、果酱。

## 三、实训操作

1. 用紫色果酱画一条弯曲的线。

2. 用手指轻轻地往下抹。

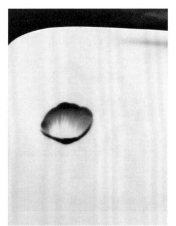

3. 用紫色果酱画下面的线条。

4. 用食指抹出画的下半部分。

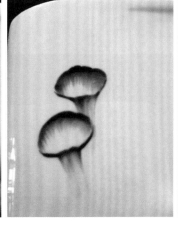

5. 重复上述操作再画一朵。

6. 用黄色果酱打底花蕊的位置。

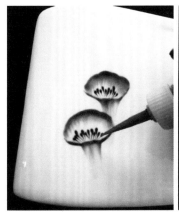

7. 用中黑果酱画出花蕊。

8. 用绿色果酱并用拇指抹出叶子。

9. 画出剩下的叶子，注意层次感。

10. 用中黑果酱画出叶脉。　11. 画出花朵、叶子、枝干。　12. 枝干上点缀些小型喇叭花。

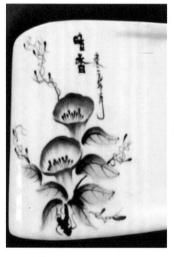
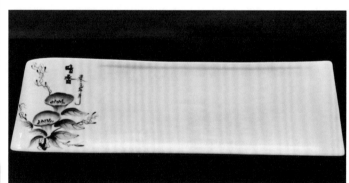

13. 题字。　　　　　　14. 成品欣赏。

## 四、注意事项

1. 注意手指抹出花朵形状的力度。

2. 注意花朵中间的留白。

3. 注意操作过程中的卫生。

4. 注意叶子的弧度及层次感。

5. 枝干的曲线要自然。

## 五、成品特点

喇叭花逼真、虚实结合，呈现意境美。

## 六、学生课堂评价表

| 班别 | | 姓名 | |
|---|---|---|---|
| 评价项目 | 配分 | 自评分 | 教师评分 |
| 色彩搭配 | 20 | | |
| 意境 | 20 | | |
| 形态 | 30 | | |
| 比例 | 15 | | |
| 卫生 | 15 | | |
| 总分 | 100 | | |

## 七、作业与思考题

如何把控手抹叶子的形状？

# 实训五　山水画

## 一、目标与要求

1. 掌握果酱线条的手法。
2. 掌握手抹山、叶子的手法。
3. 掌握果酱山水盘饰的各种画法。

## 二、实训准备

1. 原料：墨绿色果酱、中黑色果酱、灰色果酱、浅蓝色果酱。
2. 工具：碟子、毛巾。

## 三、实训操作

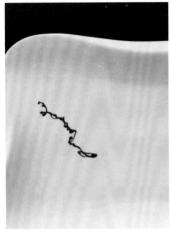

1. 用中黑色果酱画出线条。

2. 手掌侧面抹出山的形态。

3. 用灰色果酱画出树枝轮廓。

4. 用中黑色果酱描绘出树枝。

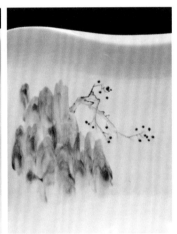

5. 用墨绿色果酱在树枝上挤出若干个点。

6. 用食指按压绿点抹出叶子。

7. 用浅蓝色果酱涂抹出水面。

8. 用中黑色果酱画出船只与人。

9. 题字，画出印章。

10. 成品欣赏。

## 四、注意事项

1. 注意山体形态的分布。

2. 注意按压叶子的手法。

3. 注意操作过程中的卫生。

## 五、成品特点

情景相生、虚实相成、注重意境。

六、学生课堂评价表

| 班别 | | 姓名 | |
|---|---|---|---|
| 评价项目 | 配分 | 自评分 | 教师评分 |
| 色彩搭配 | 20 | | |
| 层次 | 20 | | |
| 造型 | 30 | | |
| 比例 | 15 | | |
| 卫生 | 15 | | |
| 总分 | 100 | | |

七、作业与思考题

用手掌还可以画出哪种类型的山？

# 实训六　树藤

## 一、目标与要求

1.掌握果酱线条的手法。

2.掌握手抹叶子的技巧。

3.掌握果酱树藤盘饰的各种画法。

## 二、实训准备

1.原料：墨绿色果酱、中黑色果酱。

2.工具：碟子、毛巾。

## 三、实训操作

1. 用墨绿色果酱挤一个点。

3. 用中黑色果酱画出叶子轮廓。

4. 画出叶脉。

5. 用墨绿色果酱挤出 4 个点。

6. 用食指抹出形态不一的叶子。

2. 用手指抹出叶子形态。

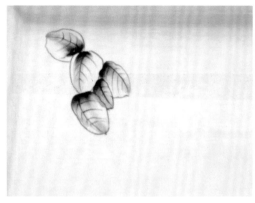

7. 用中黑色果酱画出叶子的轮廓和叶脉。

8. 用同样的方法画出其他叶子。

9. 用中黑色果酱画出树藤轮廓。

10. 画出树藤。

11. 用同样的方法画出叶子形态。

12. 用同样的方法画出叶子的轮廓和叶脉。

13. 成品题字。

## 四、注意事项

1. 注意叶子的分布。

2. 注意树藤的画法。

3. 注意操作过程中的卫生。

## 五、成品特点

生机盎然、叶子逼真，树藤有立体感。

## 六、学生课堂评价表

| 班别 | | 姓名 | |
|---|---|---|---|
| 评价项目 | 配分 | 自评分 | 教师评分 |
| 色彩搭配 | 20 | | |
| 层次 | 20 | | |
| 造型 | 30 | | |
| 比例 | 15 | | |
| 卫生 | 15 | | |
| 总分 | 100 | | |

## 七、作业与思考题

如何用绿色和橙色画出其他形态的叶子？

# 实训七　虾

## 一、目标与要求

1.掌握果酱线条的手法。
2.掌握手抹虾头、虾身的技巧。
3.掌握果酱虾盘饰的各种画法。

## 二、实训准备

1.原料：中黑色果酱、墨绿色果酱。
2.工具：碟子、画笔、毛巾。

## 三、实训操作

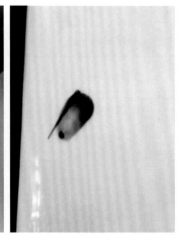

1. 用中黑色果酱挤出一个点。　　2. 用食指推出头部。　　3. 在最右侧画出虾枪。

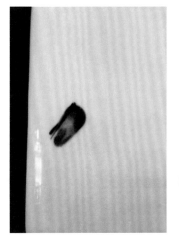

4. 画出虾皮。

5. 画出眼睛。

6. 画出虾身的线。

7. 用食指抹出虾身。

8. 画出虾的尾巴。

9. 画出虾的小脚。

10. 画出虾须与虾钳。

11. 用画笔蘸墨绿色果酱画出水草。

12. 题字。

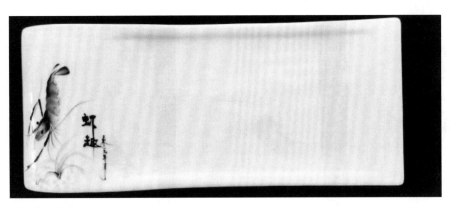

13. 成品欣赏。

## 四、注意事项

1. 虾身线条要流畅。

2. 注意食指抹出虾身的形态的力度。

3. 手抹虾头时力度要到位，抹出渐变效果。

4. 把握虾钳粗细的变化。

5. 注意操作过程中的卫生。

## 五、成品特点

虾形态逼真、有动感，线条流畅。

## 六、学生课堂评价表

| 班别 | | 姓名 | |
|---|---|---|---|
| 评价项目 | 配分 | 自评分 | 教师评分 |
| 色彩搭配 | 20 | | |
| 层次 | 20 | | |
| 造型 | 30 | | |
| 比例 | 15 | | |
| 卫生 | 15 | | |
| 总分 | 100 | | |

## 七、作业与思考题

果酱线条的粗细是如何把控的?

# 实训八　鱼

## 一、目标与要求

1. 掌握果酱线条的手法。
2. 掌握鱼鳞的画法。
3. 掌握果酱鱼盘饰的各种画法。

## 二、实训准备

1. 原料:红色果酱、中黑色果酱。
2. 工具:碟子、毛巾。

## 三、实训操作

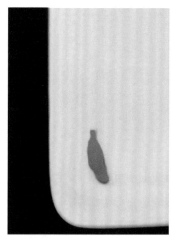

1. 用橙红色果酱挤出粗线条。

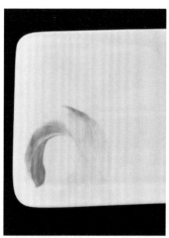

2. 用掌根抹出背景图。

3. 用中黑色果酱画出一根线。

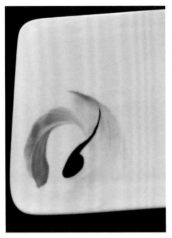

4. 画出鱼头和加粗线条。　　　5. 用果酱嘴涂抹出身体的渐变颜色。　　　6. 用中黑色果酱交叉画出鱼鳞。

7. 用中黑色果酱画出胸鳍。　　　8. 用中黑色果酱画出背鳍。　　　9. 画出鱼的尾巴。

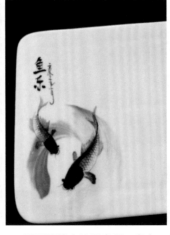

10. 画出眼睛、嘴、鱼须。　　　11. 用同样的方法画出另一条鱼，题字。

12. 成品欣赏。

## 四、注意事项

1. 注意鱼鳞的线条分布。
2. 注意画出鱼鳍的手法。
3. 注意操作过程中的卫生。

## 五、成品特点

形态逼真、虚实结合、线条流畅，注重美观性。

## 六、学生课堂评价表

| 班别 | | 姓名 | |
|---|---|---|---|
| 评价项目 | 配分 | 自评分 | 教师评分 |
| 色彩搭配 | 20 | | |
| 意境 | 20 | | |
| 形态 | 30 | | |
| 比例 | 15 | | |
| 卫生 | 15 | | |
| 总分 | 100 | | |

## 七、作业与思考题

如何采用类似的方法画出金鱼的造型？

# 实训九　螃蟹

## 一、目标与要求

1.掌握果酱线条的手法。

2.掌握手抹蟹身的手法。

3.掌握果酱蟹盘饰的各种画法。

## 二、实训准备

1.原料：中黑色果酱、绿色果酱。

2.工具：碟子、毛巾。

## 三、实训操作

  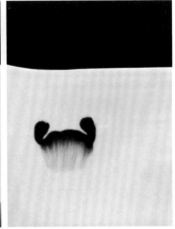

1.用中黑色果酱画出一条弧度。　2.用手指抹出身体。　　　　3.用中黑色果酱画出钳子的形状。

4. 画出钳子。

5. 画出眼睛和鼻子。

6. 画出左右两边蟹脚的大体位置。

7. 用中黑色果酱画出蟹脚。

8. 用绿色果酱挤出 3 个点。

9. 用画笔画出水草。

10. 用同样的方法画出其他几株水草。

11. 用同样的方法画出另一只螃蟹，题字。

12. 成品欣赏。

## 四、注意事项

1. 注意线条粗细的变化。
2. 注意蟹脚的分布位置。
3. 注意操作过程中的卫生。

## 五、成品特点

蟹形态逼真，注重美观性，活灵活现。

## 六、学生课堂评价表

| 班别 | | 姓名 | |
|---|---|---|---|
| 评价项目 | 配分 | 自评分 | 教师评分 |
| 色彩搭配 | 20 | | |
| 层次 | 20 | | |
| 造型 | 30 | | |
| 比例 | 15 | | |
| 卫生 | 15 | | |
| 总分 | 100 | | |

## 七、作业与思考题

如何画出螃蟹的不同形态？

# 实训十　小鸟1

## 一、目标与要求

1. 掌握果酱线条的手法。
2. 掌握画翅膀的技巧。
3. 掌握果酱鸟盘饰的各种画法。

## 二、实训准备

1. 原料：橙红色果酱、芒果黄果酱、中黑色果酱、白色果酱、灰色果酱。
2. 工具：碟子、毛巾。

## 三、实训操作

1. 用橙红色果酱点 3 个点。

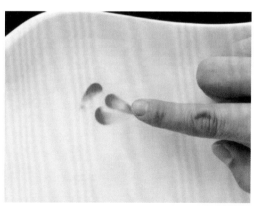

2. 用手指抹出头和翅膀。

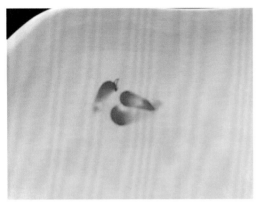

3. 画出嘴巴，涂上芒果黄果酱。

4. 点上中黑色果酱，点上白色果酱。

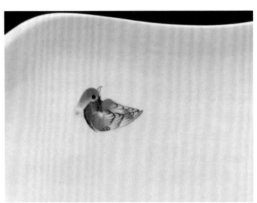

5. 用中黑色果酱画出小羽毛，画出翅膀的纹路。

6. 用中黑色果酱涂抹出颈部。

7. 用芒果黄果酱画出肚子。

8. 用橙红色果酱画出尾巴。

9. 用中黑色果酱画出爪子。　　　　　10. 用灰色果酱画出树枝轮廓。

11. 用中黑色果酱描绘出树枝。　　　　12. 成品题字。

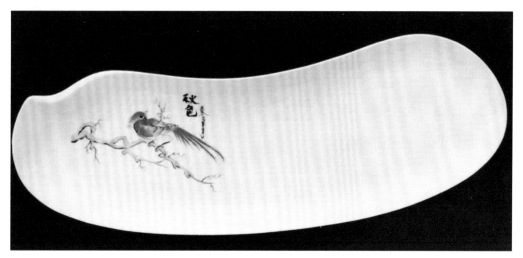

13. 成品欣赏。

## 四、注意事项

1.注意翅膀上羽毛纹路的分布。
2.注意尾巴的画法。
3.注意操作过程中的卫生。

## 五、成品特点

1.小鸟形态逼真，树枝和小鸟构图和谐，注重美观性。
2.适用于高档菜品的装饰。

## 六、学生课堂评价表

| 班别 | | 姓名 | |
|---|---|---|---|
| 评价项目 | 配分 | 自评分 | 教师评分 |
| 色彩搭配 | 20 | | |
| 层次 | 20 | | |
| 造型 | 30 | | |
| 比例 | 15 | | |
| 卫生 | 15 | | |
| 总分 | 100 | | |

## 七、作业与思考题

如何构图不同形态的小鸟？

# 实训十一　小鸟 2

## 一、目标与要求

1. 掌握果酱线条的手法。

2. 掌握画翅膀、尾巴的技巧。

3. 掌握果酱鸟盘饰的各种画法。

## 二、实训准备

1. 原料：橙红色果酱、芒果黄果酱、中黑色果酱、白色果酱、蓝色果酱、墨绿色果酱。

2. 工具：碟子、毛巾。

## 三、实训操作

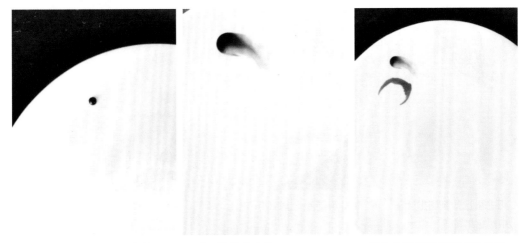

1. 用中黑色果酱挤出一个点。　　2. 用手指抹出头部。　　3. 用蓝色果酱画出翅膀的轮廓。

217

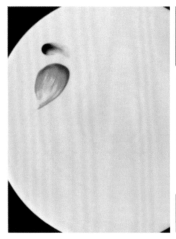

4. 用食指抹出上半部分的翅膀。

5. 画出嘴、眼睛、翅膀、羽毛，并用白色果酱描出翅膀线条。

6. 用中黑色果酱画出脖子。

7. 用芒果黄果酱画出肚子，再用中黑色果酱画出绒毛。

8. 用蓝色果酱抹出尾巴。

9. 用橙红色果酱和中黑色果酱画出鸟爪。

10. 用中黑色果酱画出假山轮廓的线条。

11. 用手抹的方法抹出假山。

12. 用同样的方法画出假山，用棉签在假山上抹出小洞。

13. 用画笔蘸墨绿色果酱，画出小草。

14. 题字。

15. 成品欣赏。

## 四、注意事项

1. 注意翅膀上羽毛纹路的分布。

2. 注意尾巴的画法。

3. 注意假山的涂抹手法。

4. 注意操作过程中的卫生。

## 五、成品特点

1. 小鸟形态逼真，色彩搭配美观，假山与小鸟构图有意境美。

2.适用于高档菜品的装饰。

## 六、学生课堂评价表

| 班别 | | 姓名 | |
|---|---|---|---|
| 评价项目 | 配分 | 自评分 | 教师评分 |
| 色彩搭配 | 20 | | |
| 层次 | 20 | | |
| 造型 | 30 | | |
| 比例 | 15 | | |
| 卫生 | 15 | | |
| 总分 | 100 | | |

## 七、作业与思考题

如何用手抹的方法画出不同类型的假山？

# 参考文献

［1］邓耀荣 . 盘饰围边基础［M］. 广州：广东经济出版社，2006.

［2］史正良，兰明路 . 图解中西盘饰［M］. 成都：四川科学技术出版社，2011.

［3］罗家良 . 果酱画盘饰围边［M］. 北京：化学工业出版社，2012.